低炭素社会構築における
産業界・企業の役割

一般社団法人 日本品質管理学会 監修
桜井 正光 著

日本規格協会

JSQC選書
JAPANESE SOCIETY FOR
QUALITY CONTROL

21

JSQC 選書刊行特別委員会

(50音順,敬称略,所属は発行時)

委員長	飯塚　悦功	東京大学名誉教授
委　員	岩崎日出男	近畿大学名誉教授
	長田　　洋	東京工業大学名誉教授
	久保田洋志	広島工業大学名誉教授
	鈴木　和幸	電気通信大学大学院情報理工学研究科総合情報学専攻
	田村　泰彦	株式会社構造化知識研究所
	中條　武志	中央大学理工学部経営システム工学科
	永田　　靖	早稲田大学創造理工学部経営システム工学科
	宮村　鐵夫	中央大学理工学部経営システム工学科
	平岡　靖敏	一般財団法人日本規格協会

●執筆者●

桜井　正光　株式会社リコー特別顧問

発刊に寄せて

　日本の国際競争力は，BRICs などの目覚しい発展の中にあって，停滞気味である．また近年，社会の安全・安心を脅かす企業の不祥事や重大事故の多発が大きな社会問題となっている．背景には短期的な業績思考，過度な価格競争によるコスト削減偏重のものづくりやサービスの提供といった経営のあり方や，また，経営者の倫理観の欠如によるところが根底にあろう．

　ものづくりサイドから見れば，商品ライフサイクルの短命化と新製品開発競争，採用技術の高度化・複合化・融合化や，一方で進展する雇用形態の変化等の環境下，それらに対応する技術開発や技術の伝承，そして品質管理のあり方等の問題が顕在化してきていることは確かである．

　日本の国際競争力強化は，ものづくり強化にかかっている．それは，"品質立国"を再生復活させること，すなわち"品質"世界一の日本ブランドを復活させることである．これは市場・経済のグローバル化のもとに，単に現在のグローバル企業だけの課題ではなく，国内型企業にも求められるものであり，またものづくり企業のみならず広義のサービス産業全体にも求められるものである．

　これらの状況を認識し，日本の総合力を最大活用する意味で，産官学連携を強化し，広義の"品質の確保"，"品質の展開"，"品質の創造"及びそのための"人の育成"，"経営システムの革新"が求められる．

"品質の確保"はいうまでもなく，顧客及び社会に約束した質と価値を守り，安全と安心を保証することである．また"品質の展開"は，ものづくり企業で展開し実績のある品質の確保に関する考え方，理論，ツール，マネジメントシステムなどの他産業への展開であり，全産業の国際競争力を底上げするものである．そして"品質の創造"とは，顧客や社会への新しい価値の開発とその提供であり，さらなる国際競争力の強化を図ることである．これらは数年前，(社)日本品質管理学会の会長在任中に策定した中期計画の基本方針でもある．産官学が連携して知恵を出し合い，実践して，新たな価値を作り出していくことが今ほど求められる時代はないと考える．

　ここに，(社)日本品質管理学会が，この趣旨に準じて『JSQC選書』シリーズを出していく意義は誠に大きい．"品質立国"再構築によって，国際競争力強化を目指す日本全体にとって，『JSQC選書』シリーズが広くお役立ちできることを期待したい．

2008年9月1日

　　　　　　社団法人経済同友会代表幹事
　　　　　　株式会社リコー代表取締役会長執行役員
　　　　　　(元 社団法人日本品質管理学会会長)

　　　　　　　　　　　　　桜井　正光

まえがき

　1985年，リコーが設立した欧州初の英国工場に社長として赴任した私には，多くの気づきや学びがあった．工場立地は郊外や地方であるのが一般的だが，そこに住む人々の自然との共生を楽しむ生活に触れ，人々の整理・整頓や掃除，手入れ，庭仕事が好きなこと，古物を大事に使うことなどには感心させられた．

　また，1987年のモントリオール議定書によってフロン類の製造販売が禁止され，企業は代替フロンへの転換が必要となった．私の記憶では，ドイツの自動車メーカーは販売価格が10万～15万円割高のフロン対策車を販売したが，多くの顧客は率先してフロン対策車を購入し，結果，売上高減少には至らなかった．さらには，当時，すでに信号や踏切での一時停止中のアイドリングストップなどは常識だった．

　例をあげればきりがないが，これほどまでに環境保全が浸透し"地球環境感度"の高い国民であることに驚き感動した．今後必要な革新的温暖化防止活動は，こうした人々の支えなくしては進まないとの思いを強めた．

　2007年末に公表されたIPCC（気候変動に関する政府間パネル）第4次報告書は，懐疑的な見方が多かった温暖化の原因について，明らかに人為的要素が大きいことを明記した．同時に，その影響は，水資源，食料，沿岸地域，健康などに甚大な被害を与える可能性があるとの警告を発した．これを受け，現在，国際社会は2050

年に産業革命以前からの気温上昇を 2°C 以内に抑えることを目標とした低炭素社会構築を目指し始めたが,これは第 4 次報告書の気候安定化シナリオのうち最も厳しいもので,今すぐにでも排出量のピークアウト(増加を止め,減少に転じること)の実現が必要となる.国際社会は,直ちに革新的な低炭素化行動を起こさなければならないことは明らかだ.

しかし,COP(国連気候変動枠組条約締約国)会議では,京都議定書第一約束期間後の次期枠組も定まらず,各国・各地域の国内事情はあろうが,人類の生存がかかった最重要課題への取組みとして,大きな疑問を投げざるをえない.

一方で,先進国の一部には,回避できない低炭素社会構築に向けて積極的な取組みが始まっている.低炭素社会とは,有限な地球資源(安定した気候も含む)の制約の中で温室効果ガス排出量を極限まで抑え,我々が生き生きと経済社会活動を営むことができる社会をいう.残念ながら,我が国の低炭素社会構築への取組みは遅れをとっているといわざるをえない.

しかし,こうした遅れの理由を単に政治の責任とするならば,問題の解決にはならないだろう.民主主義国家である限り,政治は民意を代表するものである.国民や産業界・企業にも責任はないのだろうか.

本編で述べるが,我が国の CO_2 総排出量のおよそ 80% を広義の産業部門とされる企業・公共部門関連が占め,かつ,企業は,残り 20% の家計部門で利用・活用されている製品・サービスの提供者であることを考えれば,総排出量の 90% 近くに産業界がかかわっ

ていることになる．企業が積極的に低炭素社会構築の牽引役とならなければならないことは明らかだ．我々自身もまた，地球環境感度の高い地球の住民となり，温暖化防止に責任をもって取り組み，政府の背中を押していかなければならない．本書を執筆するに至ったきっかけは，こうした自己責任の念を強くしたことにある．

本書は，低炭素社会構築にあたって，産業界・企業及び政府の役割と責任を次の構成で述べている．

第1章は，IPCC第4次報告書及びスターン・レビューを紹介し，対応が求められる地球温暖化問題を再確認することとした．

第2章は，国際枠組を議論し，国際条約の採択を図るCOPの進捗状況と採択遅れの原因を探った．

第3章は，我が国が目指すべき低炭素社会とは何か，低炭素社会構築に向けたグリーン成長戦略及び促進政策のあり方を示した．さらには，低炭素社会構築への道筋を前政権が2012年末に示した『グリーン政策大綱』や西岡秀三氏の著書『低炭素社会のデザイン』（岩波書店，2011）を参考に示した．

第4章は，低炭素社会構築の牽引役となる産業界／企業の役割と責任を示すとともに，また政府による促進政策の法制化・導入に対して，産業界／企業の積極的参画の必要性を示した

第5章は，企業における取組みの一例として，低炭素社会構築に向けたリコーグループの取組みを紹介した．

第6章は，政府の役割を明らかにするとともに，かつ，政策や制度の持続性を担保するために，超党派体制での取組みを求めた．

最後に，本書をこうして出版することができたのは，多くの方々

のご協力やご支援があってのことである．特に全編にわたり貴重なご示唆をいただいた公益財団法人 地球環境戦略研究機関 研究顧問の西岡秀三氏，並びに編集にあたり通読までしていただき，貴重なご意見をいただいた JSQC 選書刊行特別委員会委員長の飯塚悦功東京大学名誉教授には，心から感謝申し上げたい．

2013 年 7 月

株式会社リコー特別顧問　桜井　正光

目　　次

発刊に寄せて
まえがき

第1章　IPCC第4次報告書が警告する地球の危機

1.1　IPCC第4次報告書とは ……………………………………… 15
1.2　IPCC第4次報告書の構成と概要 …………………………… 17
　1.2.1　IPCC第4次報告書の構成 ……………………………… 17
　1.2.2　IPCC第4次報告書第1作業部会（自然科学的根拠）……… 17
　1.2.3　IPCC第4次報告書第2作業部会（影響，適応，脆弱性）…… 20
　1.2.4　IPCC第4次報告書第3作業部会（気候変動の緩和）……… 21
　1.2.5　IPCC第4次報告書の誤りに対するレビュー ……………… 28
　1.2.6　IPCC第5次報告書発行までのスケジュール …………… 31
1.3　IPCC第4次報告書から判断を求められる対応 …………… 31
1.4　スターン・レビュー …………………………………………… 32
1.5　ますます進む温暖化 ………………………………………… 35

第2章　地球温暖化防止のための国際枠組づくり

2.1　国際交渉の経緯と現状 ……………………………………… 43
　2.1.1　国連気候変動枠組条約の概要 ………………………… 43
　2.1.2　京都議定書の発効 ……………………………………… 45
　2.1.3　2013年以降の国際枠組づくり ………………………… 47
2.2　なぜ国際枠組づくりは進まないか ………………………… 51
　2.2.1　対立する各国の主張 …………………………………… 51
　2.2.2　なぜ主張の違いを乗り越えられないのか ……………… 55

2.2.3　国連の意思決定方式の問題 ………………………………… 57

第3章　我が国における低炭素社会の構築

　3.1　我が国の温室効果ガス排出状況 ………………………………… 59
　　3.1.1　我が国の削減目標について ………………………………… 59
　　3.1.2　京都議定書目標の達成状況 ………………………………… 59
　　3.1.3　部門別削減状況 ……………………………………………… 61
　3.2　低炭素社会の構築 ………………………………………………… 64
　　3.2.1　目指すべき低炭素社会とは ………………………………… 64
　　3.2.2　低炭素社会構築は日本再生のチャンスとなる …………… 67
　　3.2.3　環境保全と経済成長の両立を図る ………………………… 68
　　3.2.4　責任ある高い目標を設定する ……………………………… 69
　　3.2.5　バックキャスト思考での取組み …………………………… 69
　　3.2.6　全員参加の取組み …………………………………………… 70
　3.3　進む各国のグリーン成長戦略と政策展開 ……………………… 71
　　3.3.1　米国のグリーンニューディール政策 ……………………… 72
　　3.3.2　EUのグリーン成長戦略 …………………………………… 73
　　3.3.3　英国のグリーン成長戦略 …………………………………… 74
　　3.3.4　韓国・中国のグリーン成長戦略 …………………………… 75
　3.4　我が国のグリーン成長戦略と促進政策の現状と課題 ………… 76
　　3.4.1　先延ばしが続く地球温暖化対策基本法の制定 …………… 77
　　3.4.2　我が国のグリーン成長戦略とその課題 …………………… 77
　　3.4.3　決まらない中・長期削減目標 ……………………………… 79
　　3.4.4　法制化と制度導入が急がれる温暖化防止の促進政策 …… 82
　3.5　2050年低炭素社会構築への道筋 ………………………………… 86
　　3.5.1　低炭素社会構築の基本的考え方 …………………………… 87
　　3.5.2　エネルギー需要側の省エネ革新を図る …………………… 88
　　3.5.3　エネルギー供給側の低炭素化革新を図る ………………… 94
　　3.5.4　求められる"エネルギー基本計画"の見直しと
　　　　　　原子力発電の位置づけ ……………………………………… 98

第4章　産業界／企業の役割と取組み

4.1　産業界及び企業の課題 …………………………………… 103
4.1.1　産業界の温室効果ガス削減活動の現状 ………… 103
4.1.2　低炭素化は国際社会が求める明確な中・長期的ニーズ …… 105
4.1.3　すでに始まっているグローバル大競争 ………… 106
4.1.4　我が国の低炭素化関連技術の国際競争力 ……… 109
4.1.5　政府規制に対する産業界の反発 ………………… 112
4.2　産業界の役割と責任 ………………………………………… 121
4.2.1　地球の住民としての責任をもつ ………………… 121
4.2.2　産業界は低炭素社会構築の牽引役 ……………… 122
4.2.3　企業が取り組むべき三つの活動分野 …………… 122
4.3　求められる企業の積極的な取組み ………………………… 127
4.3.1　責任ある高い自己目標の設定 …………………… 127
4.3.2　自ら必要なイノベーションを起こす …………… 128
4.3.3　低炭素関連技術の体系と従来型技術との違い … 132
4.3.4　温暖化防止と利益創出の両立（同時実現）を図る ………… 140
4.3.5　市場システムの活用 ……………………………… 145
4.4　望まれる企業経営者の積極的な活動 ……………………… 147

第5章　リコーグループが取り組む環境経営

5.1　リコーグループの紹介 ……………………………………… 153
5.2　環境保全に取り組む基本理念 ……………………………… 154
5.2.1　"3Pバランス"のとれた持続可能な社会の構築 … 154
5.2.2　ノンリグレット・ポリシーに基づく積極的な取組み ……… 155
5.2.3　"コメットサークル™"コンセプトのもとに資源循環型経営を実現 ……………………………………………… 157
5.2.4　"環境経営"のもとに環境保全と企業利益創出の両立を図る … 160
5.3　環境綱領 ……………………………………………………… 161
5.4　地球環境保全の四つの分野と二つの役割 ………………… 163
5.4.1　"省エネルギー・温暖化防止"活動（四つの分野：その1）… 163

5.4.2 "省資源・リサイクル"活動（四つの分野：その2） ……… 167
5.4.3 "汚染予防"活動（四つの分野：その3） ……………… 169
5.4.4 "生物多様性保全"活動（四つの分野：その4） ……… 171
5.5 責任ある中・長期削減目標の設定 …………………………… 172
5.5.1 長期ビジョンの設定 ……………………………………… 172
5.5.2 3分野での中・長期目標の設定 ………………………… 173
5.6 環境行動計画 …………………………………………………… 174
5.7 戦略的目標管理制度 …………………………………………… 177
5.8 実　績 …………………………………………………………… 179
5.8.1 自社の事業活動における省エネ・温暖化防止活動 …… 179
5.8.2 お客様への省エネ製品・サービスの提供 ……………… 180
5.8.3 製品の省資源・リサイクル活動 ………………………… 183
5.8.4 環境会計 …………………………………………………… 184
5.9 世界各国・全部門の全員参加活動 …………………………… 184
5.9.1 "リコーグループ環境経営大会"による成功事例の共有化 … 187
5.9.2 全世界で取り組む工場・事業所・営業所の"ごみゼロ化" … 187
5.10 環境経営の推進体制 …………………………………………… 190
5.10.1 ISO 14001の認証の取得 ………………………………… 190
5.10.2 組織体制 …………………………………………………… 190
5.11 環境経営報告書の発行と社会からの評価 …………………… 192
5.11.1 環境経営報告書の発行 …………………………………… 192
5.11.2 社会からの評価 …………………………………………… 193

第6章　政府の役割

6.1 ビジョンとなる低炭素社会像を示し，国民と共有する …… 196
6.1.1 低炭素社会像を示す ……………………………………… 196
6.1.2 国民との共有化を図る …………………………………… 197
6.2 地球温暖化対策基本法の速やかな制定と促進政策の
　　 法制化 …………………………………………………………… 198
6.2.1 地球温暖化対策基本法の制定 …………………………… 198

6.2.2　中・長期目標の設定 …………………………………… 198
　6.2.3　促進政策の法制化と実施 ………………………………… 199
6.3　グリーン成長戦略の策定と早期実施 ………………………… 200
　6.3.1　グリーン成長戦略の策定 ………………………………… 200
　6.3.2　グリーン成長戦略の早期実施 …………………………… 201
6.4　国際枠組づくりに向けたリーダーシップの発揮 …………… 202
6.5　超党派での取組み ……………………………………………… 203

おわりに ……………………………………………………………… 205

引用・参考文献 ……… 207
索　　引 ……… 209

第1章 IPCC第4次報告書が警告する地球の危機

　地球温暖化に関する"IPCC（Intergovernmental Panel on Climate Change：気候変動に関する政府間パネル）第4次報告書"が発表されたのは2007年11月のことであった．詳細は後述するが，人類の種々の活動（営み）が地球温暖化につながり，それが今や極めて深刻な事態に至っているとする内容である．

　ところがこのIPCC報告に対して，温暖化防止に懐疑的な立場の人々の中から"地球の温度上昇を2℃以内に抑えなければならないなどとは書かれていない""2050年に温室効果ガスの排出量を半分にしなければならないとも記載されていない"といった意見が多く出された．

　果たしてどうなのか．第4次報告書でどのようなことが提示され，そこから我々は地球温暖化に対していかなる判断・姿勢をとるべきなのか．以下で検討してみたい．

1.1 IPCC第4次報告書とは

　IPCCは，1988年に世界気象機関（WMO：World Meteorological Organization）及び国際連合環境計画（UNEP：United Nations Environment Programme）によって設立された国際連合（以

下,"国連"という)の組織である(図1.1).世界中の研究者が行った地球温暖化に関する科学的・技術的・社会経済的な研究結果を収集し,評価を行い,得られた知見を政策決定者などに広く利用してもらうことを任務としている.

これまでに第4次報告書まで発表されており,新しい報告書になるに従って気候変動に関する新たな観測結果や科学的知見が加えられている.

IPCC 総会

組織	内容	共同議長
第1作業部会(WG 1): 自然科学的根拠 気候システム及び気候変化についての評価を行う.		Dahe Qin(中国) Susan Solomon(米国)
第2作業部会(WG 2): 影響,適応,脆弱性 生態系,社会・経済等の各分野における影響及び適応策についての評価を行う.		Martin, L. Parry(英国) Osvaldo, Canziani (アルゼンチン)
第3作業部会(WG 3): 気候変動の緩和(策) 気候変化に対する対策(緩和策)についての評価を行う.		Ogunlade Davidson (シエラレオネ) Bert Metz(オランダ)
温室効果ガス目録に関するタスクフォース 各国における温室効果ガス排出量・吸収量の目録に関する計画の運営委員会		Taka Hiraishi(日本) Theima Krug (ブラジル)

図 1.1 IPCC の組織

第1次評価報告書(FAR:First Assessment Report)が1990年に発表され,1995年に第2次評価報告書(SAR:Second Assessment Report),2001年に第3次評価報告書(TAR:Third Assessment Report)が発表された.第4次評価報告書(AR 4:Fourth Assessment Report)は総合報告書が2007年11月に発表された.

なお,第5次評価報告書(AR 5:Fifth Assessment Report)は総合報告書が2014年10月に公表される予定である.

1.2 IPCC 第 4 次報告書の構成と概要

1.2.1 IPCC 第 4 次報告書の構成

第4次報告書の構成は,次のようにIPCCのもとに組織された三つの作業部会ごとの報告書と総合報告書で構成されている.

① 第1作業部会(WG 1)報告書:2007年2月公表
② 第2作業部会(WG 2)報告書:2007年4月公表
③ 第3作業部会(WG 3)報告書:2007年5月公表
④ 総合報告書(SYR:Synthesis Report):2007年11月公表

1.2.2 IPCC 第 4 次報告書第 1 作業部会(自然科学的根拠)

第1作業部会は"気候システム及び気候変化の自然科学的根拠についての評価",すなわち気候変動の観測結果を示し,さらに人間活動が気候システムに及ぼす影響を評価することを任務としている.

人為起源の温暖化や寒冷化が気候に及ぼす影響についての研究が進むことにより,最初の工業化である産業革命(18世紀後半)以降の人間活動は,温暖化をもたらしている可能性が非常に高いことがわかってきた.この間,温暖化の効果の強さを示す大気の放射強制力は+1.6(+0.6〜2.4)W/m^2まで上昇している.

18　第1章　IPCC第4次報告書が警告する地球の危機

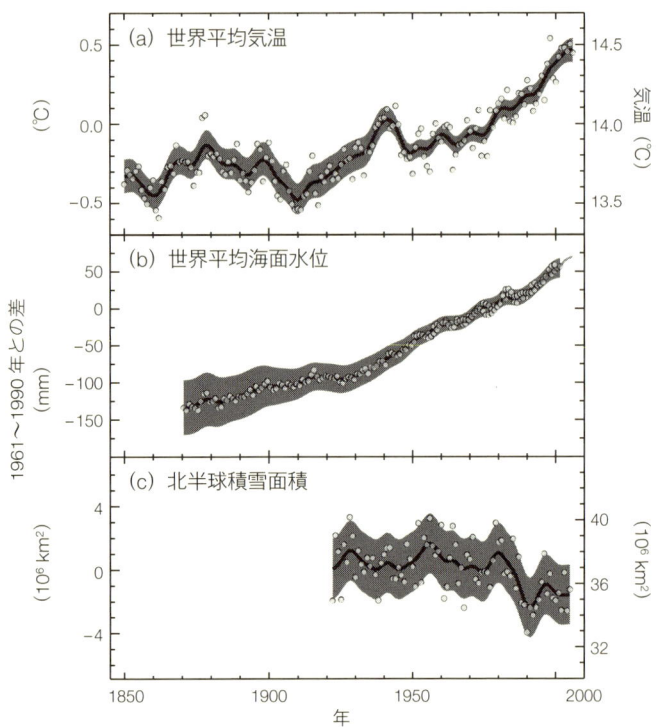

図1.2　気温，海面水位及び北半球の積雪面積の変化
[出典　気候変動2007：統合報告書 政策決定者向け要約　文部科学省 気象庁 環境省 経済産業省 訳]

　図1.2に示すように，大気や海洋の世界平均気温の上昇，世界平均海面水位の上昇，雪氷の広範囲にわたる融解が観測されていることから，気候システムの温暖化は明らかである．そしてそれは，人間活動が主要因である可能性が非常に高い．

　将来の気候変動は，今後世界がどのような社会となるかによっ

て大きく異なるだろう．このため，将来の社会の姿として六つの SRES シナリオ（Special Report on Emission Scenarios：排出シナリオに関する特別報告書）が導入された．それぞれの社会シナリオに基づいて，世界平均地上気温の上昇量についてシミュレーションが行われ，2100 年までの気温上昇量が予測されている（図 1.3）．例えば，最も排出量が少ないシナリオ（B1：クリーンエネルギーが重視され，情報・サービス産業が発達した世界）に対する上昇量は，約 1.8°C と，最も排出量が多いシナリオ（A1FI：化石燃料が重視され，急激に経済が発達した世界）では，4.0°C と評価されている．過去の評価報告書と比較すると，より多くの気候モデル

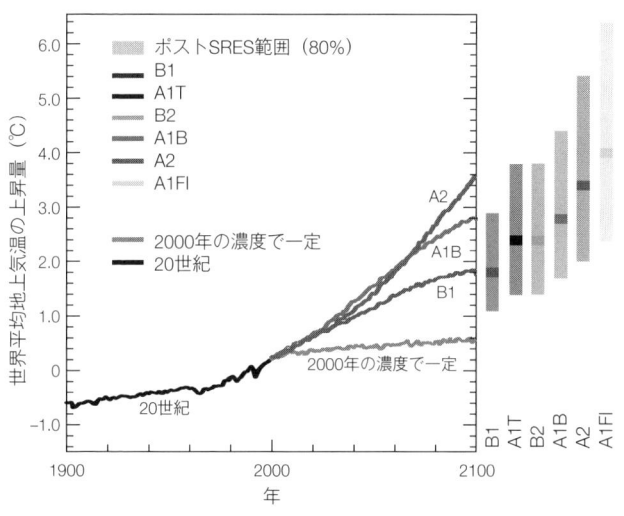

図 1.3 地上気温の予測

［出典 気候変動 2007：統合報告書 政策決定者向け要約 文部科学省 気象庁 環境省 経済産業省］

や新たな観測情報が追加されたことから,気温上昇の範囲はより精度が向上していると考えられている.

1.2.3 IPCC第4次報告書第2作業部会（影響,適応,脆弱性）

第2作業部会は"生態系,社会・経済などの各分野における影響及び適応策についての評価"すなわち,気候変化が生態系・社会に及ぼす影響とその適応の強さ・脆さを評価することを任務としている.

まず,すべての大陸とほとんどの海洋において,多くの自然環境が地域的な気候の変化,特に気温の上昇により,今まさに影響を受けていることを示している.生物環境や物理環境について,世界中で何万という観察・観測が行われているが,90％以上に何らかの影響が生じていたという評価結果が得られている.つまり気候変動はまさに世界的な現象であり,程度の差はあれ,どの地域でも影響を避けることはできないのだ.

すでに起きている気候変動の影響には,例えば次のようなものがある.

氷雪圏では氷河の後退による雪崩や地盤沈下や,永久凍土の融解による森林の倒壊やパイプラインの破壊が深刻な問題となりつつある.世界の各地で水循環も影響を受けている.河川流量・湖沼水位の変化,水温の上昇などによって,水質悪化や地盤沈下が発生し,魚類や昆虫類の高温障害・種の変化などの影響が指摘されている.陸生生物への影響も多数にわたる.春季の現象（植物の葉の開く時期,鳥の渡りや排卵行動）の早期化や動物の生息域の変化などが観

察されている.

　一方,人間社会への影響はどうであろうか.人間社会の変化はいろいろな要素があるために検出が難しいが,明確な現象として北半球高緯度地域の農業や林業の耕作時期の早期化,火災や害虫の増加による森林のかく乱(部分的又は全体的に破壊されること),欧州の熱波による健康被害,蚊などの病原菌の媒介生物による感染リスクの増加などが報告されている.

　将来の影響についても評価はなされている.図1.4のように気温上昇の程度によって影響は異なり,寒冷地では農地環境の向上など恩恵を受けることもあるが,1990年を起点に2～3℃上昇したとなると世界すべての地域が正味の便益の減少,若しくは正味のコストの増加を被る可能性が非常に高いとされる.生態系には自然に備わる復元力があるが,その多くがこのような気温上昇の速度にはついていくことができず,種の絶滅などの深刻な被害に直面することになるのだ.

1.2.4　IPCC 第4次報告書第3作業部会(気候変動の緩和)

　第3作業部会では温暖化防止対策(緩和)の科学,技術,環境,経済,社会面に関して焦点を当てており,次の6部で構成されている.主な項目について説明する.

(1)　温室効果ガス排出量の動向

(2)　短・中期的な,各経済部門を横断する緩和(2030年まで)

(3)　長期的な緩和(2030年より後)

(4)　気候変動を緩和するための政策,措置,手法

第1章　IPCC第4次報告書が警告する地球の危機

	0	1	2	3	4	5℃
水		湿潤熱帯地域と高緯度地域における水利用可能の増加 → 中緯度地域及び半乾燥低緯度地域における水利用可能量の減少と干ばつの増加 → 数億人の人々が水ストレスの増加に直面 →				
生態系		サンゴの白化の増加 ──── ほとんどのサンゴの白化 ──── 広範囲にわたるサンゴの死滅 最大30%の種の絶滅リスクが増加 ──── 地球規模での重大な絶滅 陸域生物圏の正味の炭素放出源化が進行 種の分布範囲の移動及び森林火災のリスクの増加 ~15% ~40%の生態系が影響を受ける 海洋の深層循環が弱まることによる生態系の変化				
食料		小規模農業者、自給農業者、漁業者への複合的で局所的な負の影響 低緯度地域におけるいくつかの穀物の生産性の低下傾向 低緯度地域におけるすべての穀物の生産性低下 中高緯度地域におけるいくつかの穀物の生産性の増加傾向 いくつかの地域における穀物の生産性の低下				
沿岸域		洪水及び暴風雨による被害の増加 毎年さらに数百万人が沿岸域の洪水に遭遇する可能性がある 世界の沿岸湿地の約30%の消失				
健康		栄養不良、下痢、心臓・呼吸器系疾患、感染症による死亡率の増加 いくつかの感染症媒介動物の分布変化 熱波、洪水、干ばつによる罹病率及び死亡率の増加 保健サービスへの重大な負担				
	0	1	2	3	4	5℃

図1.4　世界平均気温の変化に伴う影響の事例
（影響は、適応の程度、気温変化の速度、社会経済の経路によって異なる）
[出典　気候変動2007：統合報告書　政策決定者向け要約　文部科学省　気象庁　環境省　経済産業省]

(5) 持続可能な開発と気候変動の緩和

(6) 知識上のギャップ

(1) 温室効果ガス排出量の動向

世界の温室効果ガスの排出量は，産業革命以降増加しており，1970年から2004年の間に70%増加した．その要因を見てみよう．1970年から2004年の間に世界全体のエネルギー効率は向上している．購買力平価換算のGDP（Gross Domestic Product：国内総生産）当たりの一次エネルギー供給量を示す"エネルギー原単位"は低下（マイナス33%）している．しかしながら，世界の排出量に与えた影響は，世界の1人当たりの所得の増加（77%）及び世界の人口の増加（69%）という二つの駆動要因のほうが大きく，全体としては排出量は増加してしまっているのだ（図1.5）．

(2) 短・中期的な，各経済部門を横断する緩和（2030年まで）

個別の部門・技術の積上げによって全体の影響を推測する"ボトムアップ"やマクロ経済的な需要供給の関係を考慮して全体の影響を推測する"トップダウン"の研究ではいずれも，今後数十年にわたり，世界の温室効果ガス排出量の抑制にはかなり大きな経済ポテンシャル（可能性）があることを示唆している．それによって世界の排出量増加が相殺，若しくは排出量が現在のレベル以下に削減される可能性があるとしている（表1.1，表1.2）．

2011年の世界平均の温室効果ガス濃度は約440 ppmであるが，例えば，2030年に445～535 ppmという大気中CO_2濃度換算で

安定化させるための排出の道筋を考えてみよう．この場合，排出削減のための全世界の経済コストは，何も対策を行わなかった場合と比べて世界のGDPの3%減少となると推計されている（表1.3）．

温室効果ガス排出量削減の対策とは既存の税制や予算支出によるが，例えば排出量取引制度のもと炭素税や排出権のオークションによる歳入が低炭素技術開発の促進や税制改革に使われるならば，コ

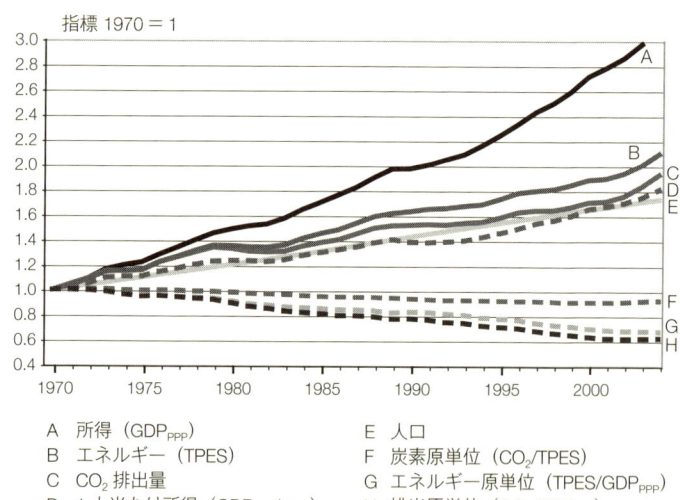

A 所得（GDP$_{PPP}$）
B エネルギー（TPES）
C CO_2 排出量
D 1人当たり所得（GDP$_{PPP}$/cap）
E 人口
F 炭素原単位（CO_2/TPES）
G エネルギー原単位（TPES/GDP$_{PPP}$）
H 排出原単位（CO_2/GDP$_{PPP}$）

備考　1970-2004の期間における，PPP*で測ったGDP（GDP$_{PPP}$），一次エネルギー供給量合計（TPES），CO_2排出量(化石燃料の燃焼，ガスのフレア，セメント製造)，人口(Pop)の相対的な世界の発展状況．さらに点線は，同じ期間での1人当たりの所得(GDP$_{PPP}$/Pop)，エネルギー原単位(TPES/GDP$_{PPP}$)，エネルギー供給の炭素原単位(CO_2/TPEG)，経済的生産プロセスの排出原単位(CO_2/GDP$_{PPP}$)を示す．
　　*　Purchasing Power Parity：購買力平価

図 1.5　1970年から2004年における世界のエネルギー原単位変化など
[出典　気候変動に関する政府間パネル第4次評価報告書に対する第3作業部会の報告　経済産業省　訳]

1.2 IPCC第4次報告書の構成と概要

表 1.1 ボトムアップの研究から推計される2030年における世界の経済的緩和ポテンシャル

炭素価格 (米ドル/tCO$_2$換算)	経済的 ポテンシャル (GtCO$_2$換算/年)	SRES A1Bに 対する削減 (68 GtCO$_2$換算/年) (%)	SRES B2に 対する削減 (49 GtCO$_2$換算/年) (%)
0	5–7	7–10	10–14
20	9–17	14–25	19–35
50	13–26	20–38	27–52
100	16–31	23–46	32–63

［出典　気候変動に関する政府間パネル第4次評価報告書に対する第3作業部会の報告　経済産業省　訳］

表 1.2 トップダウンの研究から推計される2030年における世界の経済的緩和ポテンシャル

炭素価格 (米ドル/tCO$_2$換算)	経済的 ポテンシャル (GtCO$_2$換算/年)	SRES A1Bに 対する削減 (68 GtCO$_2$換算/年) (%)	SRES B2に 対する削減 (49 GtCO$_2$換算/年) (%)
20	9–18	13–27	18–37
50	14–23	21–34	29–47
100	17–26	25–38	35–53

［出典　気候変動に関する政府間パネル第4次評価報告書に対する第3作業部会の報告　経済産業省　訳］

表 1.3 異なる長期的安定化レベルに向けた最小コストとなる排出経路において推計される2030年での世界のマクロ経済コスト

安定化レベル (ppm CO$_2$換算)	GDP低下の 中央値 (%)	GDP低下の 範囲 (%)	平均した年間GDP 成長率の低下 (百分率)
590–710	0.2	−0.6–1.2	＜0.06
535–590	0.6	0.2–2.5	＜0.1
445–535	利用不可	＜3	＜0.12

［出典　気候変動に関する政府間パネル第4次評価報告書に対する第3作業部会の報告　経済産業省　訳］

ストはかなり抑えられるであろう．

　温室効果ガス排出抑制には確かに大きなコストがかかるが，世界のすべての地域において，健康被害の防止や水害・干ばつの緩和など，非常に大きな共同便益が生じることを考えれば，このコストはかなりの部分が相殺される可能性がある．

(3)　長期的な緩和（2030年より後）

　大気中の温室効果ガス濃度を安定化させるためには，排出量の早期ピークアウト（増加から減少への転換）が必要である．今後20年から30年の排出量削減の努力が非常に重要である（表1.4）．

　以降，順を追って詳細に説明するが，現在，国際社会は2050年に工業化以前からの気温上昇を2℃以内に抑えることを目標としている．これは安定化シナリオのうち，最も厳しいカテゴリーIに相当する．世界全体のピークアウトの時期は2015年までであり，直ちに行動を起こさないと間に合わないのだ．

　表1.4は世界全体での排出削減による安定化シナリオである．歴史的経緯や負担能力を考えれば，先進国にはより厳しい削減努力が求められるべきであろう．表1.5は先進国の排出削減に関するシナリオである．表1.4の全世界を対象としたシナリオカテゴリーとは，条件が厳密には一致しないが，同様に2℃目標を目指すのであればシナリオA，すなわち先進国は2020年には最低でも25%，2050年には80%の削減が必要となってくるのだ．もちろん途上国による応分の削減を前提としたシナリオである．

1.2 IPCC 第4次報告書の構成と概要

表 1.4 第4次報告書の安定化シナリオ

カテゴリー	放射強制力 (W/m^2)	二酸化炭素濃度 (ppm)	温室効果ガス濃度 (二酸化炭素換算) (ppm)	気候感度の"最良推定値"を用いた平衡時の世界平均気温の工業化以降からの上昇 (℃)	二酸化炭素排出がピークを迎える年	2050年における二酸化炭素排出量の変化 (2000年比) (%)	評価されたシナリオの数
I	2.5–3.0	350–400	445–490	2.0–2.4	2000–2015	−85〜−50	6
II	3.0–3.5	400–440	490–535	2.4–2.8	2000–2020	−60〜−30	18
III	3.5–4.0	440–485	535–590	2.8–3.2	2010–2030	−30〜+5	21
IV	4.0–5.0	485–570	590–710	3.2–4.0	2020–2060	+10〜+60	118
V	5.0–6.0	570–660	710–855	4.0–4.9	2050–2080	+25〜+85	9
VI	6.0–7.5	660–790	855–1130	4.9–6.1	2060–2090	+90〜+140	5
						総計	177

[出典 気候変動に関する政府間パネル第4次評価報告書に対する第3作業部会の報告 経済産業省 訳]

表 1.5　先進国向けの削減目標(削減は 1990 年比)

シナリオカテゴリー	2020 年	2050 年
シナリオ A （CO_2 濃度） 450 ppm	25–40％削減	80–95％削減
シナリオ B （CO_2 濃度） 550 ppm	10–30％削減	40–90％削減
シナリオ C （CO_2 濃度） 650 ppm	0–25％削減	30–80％削減

〔出典　IPCC 第 4 次報告書(WG3 BOX13.7)〕

(4)　気候変動を緩和するための政策，措置，手法

温室効果ガス排出を抑制するための行動が経済的に利益を生むような動機づけ（インセンティブ）をもたせる施策は重要であるが，各国政府が取りうる国内政策・手法は多種多様なものがある．それらの適用可能性は各国事情などにより異なるが，どの手法にも利点と欠点がある．IPCC 第 4 次報告書に記された国内政策及び手法を，特定の部門に適用した場合に得られた教訓を表 1.6 に示す．

IPCC 第 4 次報告書では"炭素の実質価格又は潜在価格を示す政策は，生産者や消費者に対して，低 GHG（GreenHouse Gas：温室効果ガス）製品，技術，プロセスに多額の投資をするインセンティブを創出する可能性がある．そのような政策には経済手法，政府の財政支援，規制が含まれる．効果的な炭素価格シグナルは，すべての部門において大きな緩和ポテンシャルの実現を可能にするかもしれない"（気候変動に関する政府間パネル第 4 次評価報告書に対する第 3 作業部会の報告経済産業省 訳）としている．

1.2.5　IPCC 第 4 次報告書の誤りに対するレビュー

IPCC は厳密なルールに基づいて，世界中の研究結果を評価して

表 1.6 それぞれの部門において，少なくともいくつかの国の事例では環境上効果があることが示されている選ばれた部門別政策，措置，手法

部門	環境上効果があることが示された政策，措置，手法	主要な制約及び機会
エネルギー供給 [4.5]	化石燃料用助成金の削減 化石燃料への，課税又は炭素課金	既得権者の抵抗により実施が困難となる可能性
	再生可能エネルギー技術に対する固定買取り制度 再生可能エネルギーに関する導入義務 生産者向け助成金	低排出技術用の市場創設が適切である可能性
運輸 [5.5]	義務的な燃費効率，バイオ燃料の混合及びCO_2基準	車の一部車種のみを対象とするなら効果が限定される可能性
	車の購入，登録，利用，車用燃料への課税，道路通行料，駐車料金	高所得層では効果が落ちる可能性
	土地利用規制，インフラの計画によりモビリティのニーズに影響を及ぼす. 魅力ある公共交通施設及び非動力系の交通システムへの投資	交通システムを構築中の国に特に適する
建築 [6.8]	機器の基準とラベル表示	定期的な基準の見直しの必要性
	建築基準及び認証	新規の建物に魅力的である．施行は困難となりうる．
	需要側管理プログラム	実効が得られるような規制が必要
	公共部門主導のプログラム（政府調達含む）	政府調達によりエネルギー効率のよい製品の需要が広がりうる．
	エネルギーサービス企業(ESCOs)に対するインセンティブ	成功要因：第三者資本へのアクセス
産業 [7.9]	基準情報の提供 性能基準 助成金，税控除	技術の導入促進が適切である可能性．国際競争の観点では国内政策の安定が重要
	排出権取引	割当メカニズムの予測可能性及び安定した価格シグナルが投資には重要

表 1.6 （続き）

部　門	環境上効果があることが示された政策，措置，手法	主要な制約及び機会
産業 [7.9]（続き）	自主協定	成功する要因には次のものが含まれる：明確な目標，ベースラインシナリオ，設計とレビューにおける第三者の参加，公式なモニタリングの提供，政府と産業の密接な協力
農業 [8.6, 8.7, 8.8]	土地管理の改善に対する資金面でのインセンティブと規制，土壌炭素含有量保持，肥料と灌漑の効率的な利用	持続可能な開発及び気候変動に対する脆弱性の低減との相乗効果を促進する可能性があり，それにより実施障壁を克服
林業／森林 [9.6]	森林の拡大，森林減少の削減，森林の保持と管理に向けた資金面でのインセンティブ（国内，国際）	制約には投資資本の不足，土地保有条件問題が含まれる．貧困を緩和する可能性
	土地利用の規制と施行	
廃棄物管理 [10.5]	廃棄物及び廃水の管理の改善に対する資金面でのインセンティブ	技術の普及を促進する可能性
	再生可能エネルギーへのインセンティブ又は導入義務	地域における低価格燃料の利用可能性
	廃棄物管理の規制	施行戦略のある国レベルで最も効果的に適用される．

[出典　気候変動に関する政府間パネル第 4 次評価報告書に対する第 3 作業部会の報告　経済産業省 訳]

いるが，取り扱う論文数は膨大であるため，時折，評価結果に対して疑義が差しはさまれることがある．

　2009 年 11 月，イーストアングリア大学（英国）の気候研究ユニットの電子メール流出に端を発した"クライメートゲート事件"が報道され，データの捏造，IPCC 評価報告書の結論への不信感などが報じられた．しかしながら，2010 年 7 月に同大学は，独立レビュー組織によるレビューを実施し，その結果を公表した．

　レビューは"科学者としての厳格さ，誠実さは疑いの余地がな

い""IPCC 評価報告書の結論をむしばむような行為のいかなる証拠も見出さなかった" と結論づけている．

1.2.6　IPCC 第 5 次報告書発行までのスケジュール

IPCC の第 5 次報告書の作成作業はすでに始まっており，2014 年 10 月発行に向けて活動がなされている．2010 年 10 月，釜山（韓国）での IPCC 第 32 回総会において審議が行われ，次の四つのトピックスと一つのボックスとなることが確定している．

・気候変動の観測とその原因
・将来の気候変動，影響，リスク
・適応策と緩和策
・社会システムの変革
・【ボックス】気候変動の観測とその原因

これをもとに各 WG は 2010 年末から検討に入っており，2014 年中頃までにはそれぞれの WG 総会の承認を経て，2014 年 10 月 27〜31 日に開催される IPCC 総会［コペンハーゲン（デンマーク）］の承認を得た後，IPCC 第 5 次統合報告書として発表される予定である．

1.3　IPCC 第 4 次報告書から判断を求められる対応

IPCC 報告書には確かに，懐疑的な人々が言うとおり "温度上昇を 2°C 以内に抑えなければならない" などの表現は用いられていない．しかし，第 2 作業部会報告書に示されているように，温度上

昇による被害は深刻なものとなる．被害を許容できるレベルに抑えることは，市民の立場ではもちろんのこと，産業の持続可能な発展のためにも不可欠なことである．

したがって，2009 年の COP15［the 15th meeting, Conference of the Parties to the UNFCCC（United Nations Framework Convention on Climate Change：国連気候変動枠組条約）：国連気候変動枠組条約締約国第 15 回会議］において，産業革命以前からの気温上昇を "2℃以内" に抑えると合意されたことは当然のことである．この合意はそれ以降も変更されておらず，さらに，1.5℃以内とすべきとの意見も出始めている．

1.4 スターン・レビュー

IPCC 第 4 次報告書発表の前に，スターン・レビュー "気候変動に対する経済学"（Stern Review on the Economics of Climate Change）という重要なレポートが公開されているので，これも紹介しておきたい．

このレポートは，経済学者であり，元 世界銀行 チーフエコノミストで，英国政府気候変動・開発における経済担当政府特別顧問でもあったニコラス・スターン博士が取りまとめ，英国首相と財務大臣に報告（2006 年 10 月）されたものである．温暖化問題は "市場の失敗（温暖化コストが市場で正しく財の価格に反映されていない）" であり，経済学的視点でとらえている点が非常に重要である．以下にその内容を環境省による要約などから引用する．

(1) 要　点

今行動を起こせば，気候変動の最悪の影響は避けることができる．経済モデルを用いた分析によれば，行動しない場合，毎年 GDP の少なくとも 5％，最悪の場合 20％に相当する被害を受ける．対策コストは GDP 1％程度しかかからない．

(2) 概　要
① 長期目標
- 現在の大気中の温室効果ガス濃度は 430 ppm（CO_2 換算）である．450〜550 ppm で安定化させられれば最悪の事態となるリスクは避けられるが，そのためには，2050 年までに少なくとも 25％削減し，将来的には 80％以上削減する必要がある．500〜550 ppm で安定化させるためには，年間 GDP 1％程度のコストが必要となる．すでに 450 ppm での安定化は非常に困難となってしまっており，対策が遅れれば，500〜550 ppm での安定化も不可能となる．
- 効率化と付随して発生する別の利益（例えば，大気汚染の低減が進むなど）が得られれば，コストはさらに少なくなる．技術開発の速度の鈍化や経済的手法を活用できない場合，コストは大きくなる．

② 削減対策
- すべての国での行動が必要であり，成長を阻害せずに達

成可能である．
- 先進国が2050年に60〜80％削減を行ったとしても，途上国の対策が必須である．
- CDM（クリーン開発メカニズム）などの経済的メカニズムを用いることで，途上国は対策コストのすべてを負担するという事態を避けられる．気候変動対策はビジネス機会を生む，長期的な成長戦略である．
- エネルギー効率向上，需要変化，クリーンな電力，熱，交通の技術の採用など，様々な排出削減対策がある．550 ppmに安定化させるために，2050年までに電力での60％炭素排出量の削減，交通部門での多大な削減，CCS（二酸化炭素回収・貯留）技術などが必要
- 第1に炭素への価格づけ（税，取引，規制），第2に技術革新と低炭素技術の普及，第3にエネルギー効率向上の障壁撤廃，国民の啓発 の3種類の対策が必要

③ **将来枠組**
- 長期目標の理解の共有と行動の枠組の合意に基づいた，国際的な対応が必要
- 将来枠組のための主要な要素
  ―排出量取引：世界市場での拡大とリンク．先進国の強力な目標設定がこれを促進する．
  ―技術協力：非公式な協力や公式な協定が技術革新の投資効果を高める．低炭素技術の普及速度を5倍にまで高める必要がある．

―森林減少対策:費用効果的な対策.国際的なパイロットプログラムが有効
―適　応:貧困国は脆弱であり,適応は開発政策に統合し先進国はODA(政府開発援助)の増額で支援する必要

1.5　ますます進む温暖化

IPCC第4次報告書が発表された2007年以降にも,各地域で温暖化が原因と考えられる事象が発生している.いくつかを紹介する.

(1) 世界の平均気温の変動

2012年6月に気象庁から公表された"気候変動監視レポート2011"には次のように示されている.

2011年の世界の年平均気温(陸域における地表付近の気温と海面水温の平均)の偏差(1981～2010年平均からの差)は+0.07℃で,統計開始年の1891年以降では12番目に高い値となった.北半球の年平均気温偏差は+0.12℃で11番目に高い値,南半球の年平均気温偏差は+0.02℃で12番目に高い値となった(図1.6).世界の年平均気温は,様々な変動を繰り返しながら上昇しており,上昇率は100年当たり0.68℃である(信頼度水準99%で統計的に有意).北半球,南半球の年平均

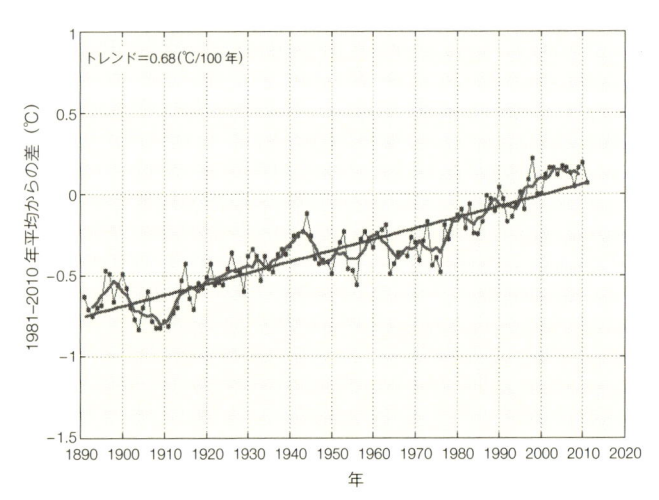

(a) 世界の年平均気温偏差

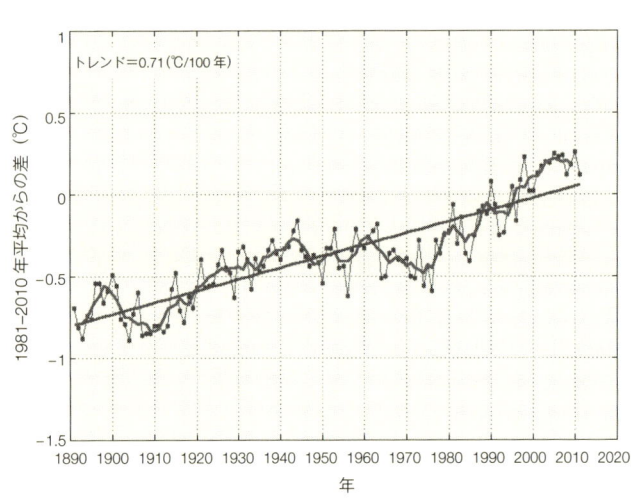

(b) 北半球の年平均気温偏差

図 1.6 年平均気温の変化(1891〜2011年)

[出典 気候変動監視レポート 2011]

1.5 ますます進む温暖化

トレンド＝0.66(℃/100年)

(c) 南半球の年平均気温偏差

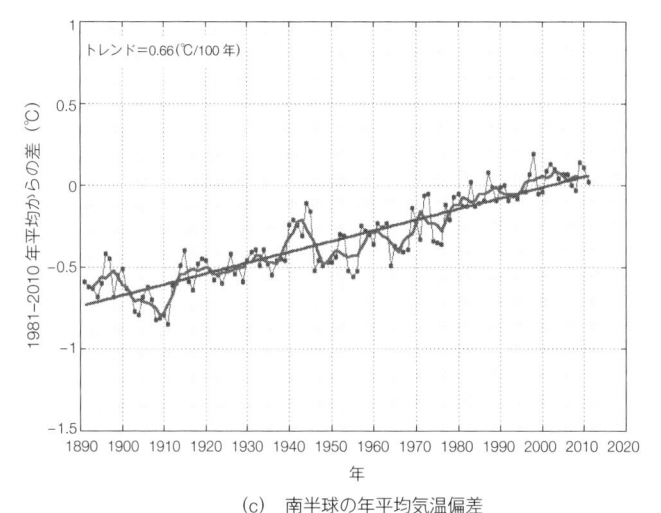

図 1.6 （続き）

気温も上昇しており，上昇率はそれぞれ 100 年当たり 0.71℃，0.66℃である（いずれも信頼度水準 99% で統計的に有意）．世界，北半球，南半球の年平均気温の経年変化には，二酸化炭素などの温室効果ガスの増加に伴う地球温暖化の影響に，数年～数十年程度で繰り返される自然変動が重なって現れているものと考えられる．

日本の日最低気温が 25℃ 以上（熱帯夜）の日数は統計期間 1931〜2011 年で増加している（信頼度水準 99% で統計的に有意）（図 1.7）．

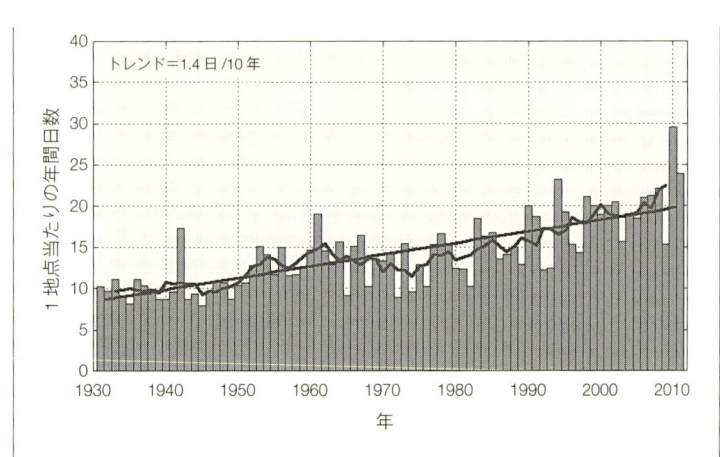

図 1.7 ［15 地点平均］日最低気温 25℃以上の日数（熱帯夜）
［出典　気候変動監視レポート 2011］

(2)　世界の海面水温の変動

前項と同様に"気候変動監視レポート 2011"には，次のように示されている．

> 2011 年の世界全体の年平均海面水温平年差（1981〜2010 年の平均値からの差）は＋0.04℃で，1891 年以降では 2007 年と並んで 11 番目に高い値となった．世界全体の年平均海面水温は上昇しており，上昇率は 100 年当たり 0.51℃である（信頼度水準 99％で統計的に有意．統計期間：1891〜2011 年）．（図 1.8）

図1.8 世界全体の年平均海面水温平年差の経年変化
［出典 気候変動監視レポート2011］

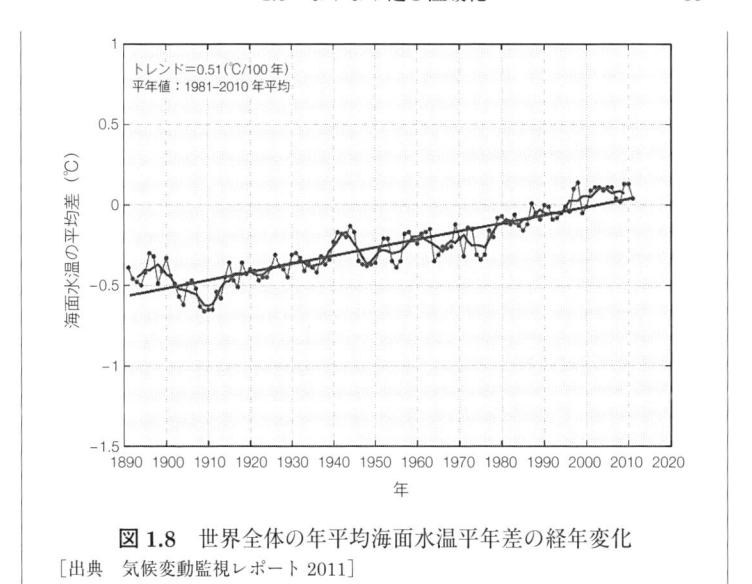

(3) 北極の海氷の減少

2007年8月に独立行政法人 宇宙航空研究開発機構（JAXA：Japan Aerospace Exploration Agency）と独立行政法人 海洋研究開発機構（JAMSTEC：Japan Agency for Marine-Earth Science and Technology）が"北極海全域での海氷面積が観測史上最小になったこと""このままのペースで海氷面積の減少が続けば，IPCCの予測を大幅に上回り，2040〜2050年の予測値に達する可能性があることが判明した"と発表した．

図1.9にJAXAによる2013年8月1日の北極圏の海氷面積の変化を示した．海氷面積の減少は明らかである．

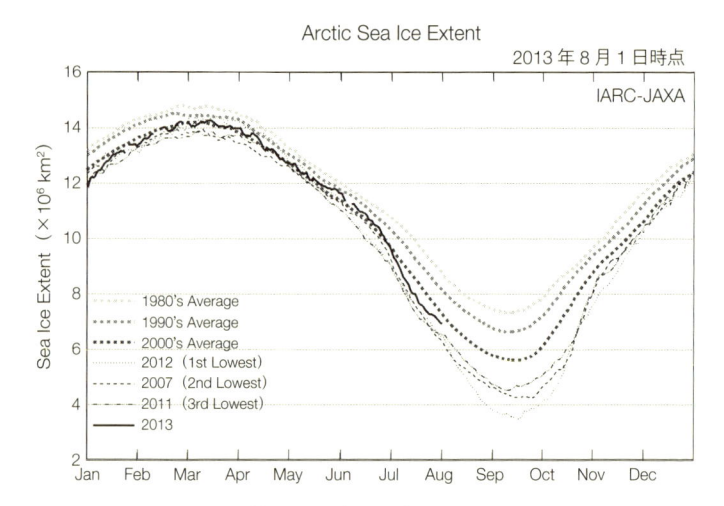

図1.9 海氷面積の変化(2013年と歴代3位まで及び1980〜2000年の10年平均)
［出典 宇宙航空研究開発機構（JAXA）北極圏研究ウェブサイト］

（4） 米国のハリケーン

2012年10月にニューヨークを襲ったハリケーン・サンディにより，ニューヨーク市の心臓部と周囲の沿岸に高さ4.2メートルの海水が押し寄せた．マサチューセッツ工科大学（MIT）のハリケーン専門家であるケリー・エマニュエル博士は2012年2月に，北極海の氷消失が増えることによる温暖化が地域的空気循環を変え，ジェット気流をより曲がりくねらせることがあることを示し，大波のリスクがニューヨークは最も高いと発表した．

2005年のハリケーン・カトリーナの際にも地球温暖化の影響が問われ，その影響は数日後の大統領選挙にも影響を与えたと言われ

ている．

（5） オーストラリアの干ばつ

2008 年 2 月 18 日，CSIRO（Commonwealth Scientific and Industrial Research Organisation：オーストラリア連邦科学産業研究機構）のスティーブ・リントール博士は"記録更新を続けている南洋の温度上昇は，南極海の温暖化及び海面上昇を裏づけるもの"とする研究結果を発表した．

オーストラリアでは2002〜2007年まで6年間干ばつが続いた．オーストラリア連邦政府は18億ドルの予算を投入することになった．その結果，オーストラリアは国連気候変動枠組条約の京都議定書を批准していない国の一つだったが，2007年の総選挙で京都議定書の調印を拒んできた自由党政権が敗れ，労働党政権のケビン・ラッド新首相が2007年12月に京都議定書を批准した．

その後，干ばつ被害は止まっているが，オーストラリアでは，2010年夏に大雪が降り，2010年12月には洪水により6億ドル以上の被害が出ている．

第2章 地球温暖化防止のための国際枠組づくり

2.1 国際交渉の経緯と現状

2.1.1 国連気候変動枠組条約の概要

1992年6月,ブラジルのリオ・デ・ジャネイロで開催された国連環境開発会議(地球サミット)において,155か国の署名により"国連気候変動枠組条約"が採択され,国際社会の地球温暖化防止に向けた取組みが本格的にスタートした.条約の究極の目的は,大気中の温室効果ガス濃度を,人類に危険が及ばない水準に安定させることである.

2011年3月現在の同条約の締約国数は,194の国と地域である.締約国はいわゆる先進国(附属書I国)と途上国(非附属書I国)の二つに大きく分類される.附属書I国とは,OECD(Organisation for Economic Co-operation and Development:経済協力開発機構)加盟国に東欧諸国やロシアなどの経済移行国を加えたものである.

取組みを進めるにあたっては先進国と途上国間の衡平性を考慮するなど五つの原則が掲げられている.同条約では,先進国(附属書I国)に対して,温室効果ガスの排出量を1990年代末までに1990年レベルの水準に戻すことを努力目標として課した.

【国連気候変動枠組条約の五つの原則（要旨）】

① **共通だが差異ある責任**

　先進国，途上国とも地球環境保全という目標に対して責任を負うという点においては共通だが，これまでに環境に負荷をかけて発展を遂げてきた先進国とこれから発展しようとする途上国との間にはその責任の程度に差があるとの考え方

② **途上国の特別な状況への配慮**

　気候変動の悪影響を著しく受けやすく，また条約によって過重又は異常な負担を負うことになる途上国の個別のニーズや特別な事情については，十分な配慮が払われるべきであるとの考え方

③ **予防的措置**

　締約国は，気候変動の原因を予測，防止又は最小限にするための予防的措置をとることで，気候変動の悪影響を緩和すべきであり，深刻な損害の恐れがある場合には，科学的な確実性が十分にないことを理由に予防的措置をとることを延期すべきではないとの考え方．また気候変動に対処するための政策・施策は，できるだけ少ない費用で費用対効果の大きいものとすることについても考慮を払うべきであるとしている．

④ **持続可能な開発**

　締約国には持続可能な開発を促進する権利と責務があり，気候変動に対処していくには経済開発が不可欠であることを考慮して，各種の政策は各締約国の個別事情に合わせたもの

を開発計画に組み入れるべきであるとの考え方

⑤ 持続可能な経済成長のための国際経済体制の推進

締約国は，すべての締約国（特に途上締約国）において持続可能な経済成長をもたらし，締約国がさらに気候変動問題への対処が可能になるような協力的な国際経済体制の確立に向けて協力すべきで，気候変動のための政策・措置を国際貿易における恣意的で不当な差別の手段にしてはならないとの考え方

2.1.2 京都議定書の発効

1995 年以降，国連気候変動枠組条約に基づいて COP が毎年開催されており今日まで国際交渉が続けられている．1997 年 12 月に京都で開催された COP3 では，いわゆる "京都議定書"（Kyoto Protocol）が採択された．京都議定書では，法的拘束力のある先進国の温室効果ガスの削減目標，国際協調による目標達成のための仕組みの導入，途上国に対しては新たな義務を課さないことなどが決定した．

先進国の温室効果ガス削減目標は，1990 年を基準年として設定され，2008〜2012 年（第一約束期間）の平均値での目標達成を目指すこととなった．主要な先進国の削減目標は，米国はマイナス 7％，EU はマイナス 8％，日本はマイナス 6％である（先進国全体ではマイナス 5.2％）．当時，世界の排出量の約 6 割を占めていた先進国がまず率先して削減に取り組むことになったのは，国連気候変動枠組条約採択に至るこれまでの経緯から見れば当然の流れだっ

たと言えよう．とりわけ，法的拘束力のある先進国の温室効果ガスの削減目標が設定されたことは画期的なことであった．

一方，国際協調によって先進国が排出削減目標を達成する補助的な手段も導入されている．これは，一般に京都メカニズムと呼ばれるもので，具体的には"共同実施"（Joint Implementation：JI），"クリーン開発メカニズム"（Clean Development Mechanism：CDM），"排出量取引"の三つの仕組みである（図 2.1）．

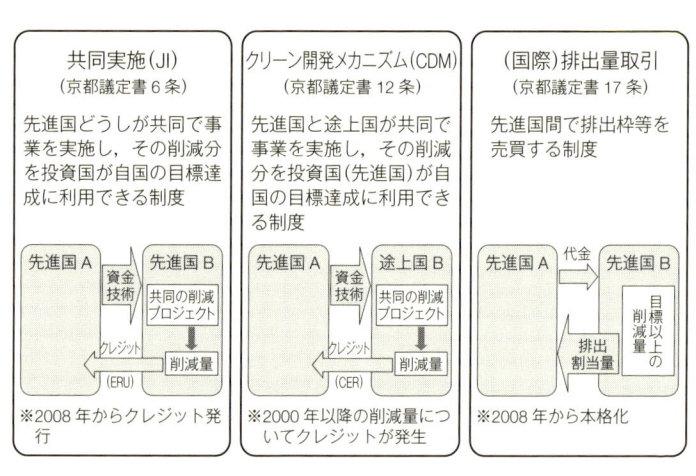

共同実施(JI) (京都議定書6条)	クリーン開発メカニズム(CDM) (京都議定書12条)	(国際)排出量取引 (京都議定書17条)
先進国どうしが共同で事業を実施し，その削減分を投資国が自国の目標達成に利用できる制度	先進国と途上国が共同で事業を実施し，その削減分を投資国(先進国)が自国の目標達成に利用できる制度	先進国間で排出枠等を売買する制度
先進国A →資金技術→ 先進国B 共同の削減プロジェクト ←クレジット← 削減量 (ERU)	先進国A →資金技術→ 途上国B 共同の削減プロジェクト ←クレジット← 削減量 (CER)	先進国A →代金→ 先進国B ←排出割当量← 目標以上の削減量
※2008年からクレジット発行	※2000年以降の削減量についてクレジットが発生	※2008年から本格化

図 2.1 京都メカニズム
［出典　環境省中央環境審議会配付資料］

CDM については，途上国の持続可能な発展に資する削減活動と先進国の削減義務を緩和する仕組みとして大きな期待が集まった．

京都議定書は，紆余曲折を経てなんとか採択されたものの，その発効には長い時間を要した．これは，当時の締約国 186 の国と地域のうち 55 か国以上の議定書批准と批准した先進国の 1990 年の

CO_2排出量が，全先進国の55％以上に達しなければならないとの発効条件（京都議定書25条）があったためである．2001年に米国が京都議定書を離脱し発効が危ぶまれたが，ロシアが批准したことによって2005年2月にようやく発効されることとなった．採択から実に7年余りが経過していた．

京都議定書の詳細な運用ルールについては並行してCOP交渉で議論が進められていたが，2001年にCOP7で"マラケシュ合意"として定められた．京都議定書発効の年に開かれたCOP11でこの"マラケシュ合意"が採択され，ようやく各国の取組みが本格的に進められることとなったのである．

2.1.3 2013年以降の国際枠組づくり

京都議定書の発効後，COP交渉の議題の中心は2013年以降の次期枠組に移っていく．京都議定書で定められていたのは，2012年までの取組み（第一約束期間）だったため，その後の進め方についての議論を本格的にスタートさせたのである．

2007年にバリ（インドネシア）で開催されたCOP13では，2009年末のCOP15までに2013年以降の次期枠組についての議論を終えることが合意され，その交渉プロセスである"バリロードマップ"が採択された．

国際的な取組みに空白期間を生じさせないためには，京都議定書の第一約束期間が終了する2012年末までに次期枠組が発効する必要があり，そのためには2009年までに採択されることが望ましいとの共通認識がなされた．

これを受けて，先進国の削減目標と途上国の削減行動や，MRVと呼ばれるその測定（Measurable），報告（Reportable），検証（Verifiable）の仕組み，先進国から途上国への技術・資金移転の仕組みなどに合意するための準備作業がスタートした．

その際，COP13と並行して開催された"京都議定書締約国会合"（MOP：Meeting of the Parties）のもとに設置されている"特別作業部会"（AWG：Ad hoc Working Group）では，バリロードマップよりも踏み込んだ認識が共有されている．それは，世界の気温上昇を2℃ないしは3℃以内に抑えるには，今後10～15年程度での排出量のピークアウトと2050年までの世界の排出量半減が必要であり，そのためには途上国にも応分の分担を求めつつも，先進国全体で2020年までに25～40％の，2050年までに80％以上の削減が必要となるとの認識である．

次期枠組づくりに向けた具体的な議論を進めるうえで，地球温暖化の影響を限定的にするためには，いつまでにどの程度の排出削減を目指すのか，一つの目安について共通認識がなされたのである．

しかし，先進諸国，新興国・途上国がそれぞれの事情を越えて，この認識に基づく目標設定，削減行動に合意することが容易ではないことは，すでにこの時点から明らかであった．

コペンハーゲンで開催されたCOP15に向けて，多くの準備会合が重ねられたが，主要な論点について各国の対立は事前に収れんしなかった．バリロードマップで当初目指すとされた法的な合意文書の採択については，準備段階で方向性をまとめることができず，政治合意での採択が目標とされた．

しかし，迎えた COP15 でも交渉は難航し，会期も大幅に延長されたが，最終的には政治合意であるコペンハーゲン合意に留意 (take note) するとの曖昧な決定にとどまることとなった．

COP15 には国連史上最多の首脳が集まって議論が行われ，首脳陣自らが文書作成に関与したことを考えると，温暖化に関する国際枠組づくりがいかに困難な作業であるかということがあらためてわかる．

【コペンハーゲン合意（要旨）】

① 地球の気温上昇を 2°C 以内に抑える．
② 先進国は 2020 年までの削減目標，途上国は削減のための行動を 2010 年 2 月までに登録する．
③ 先進国の削減目標と途上国の削減行動の結果は，MRV（測定，報告，検証）を必要とする．
④ 先進国は途上国の温暖化対策支援のため，2012 年までに 300 億ドル規模の支援を実施，2020 年までに年 1 000 億ドルの資金を動員する目標を約束する．
⑤ 各国の削減目標［先進国・途上国（コペンハーゲン合意に基づく各国の誓約）］（表 2.1）

2013 年以降の次期枠組づくりに向けた議論は COP15 で一旦，仕切り直しの形となった（図 2.2）．2011 年のダーバン（南アフリカ）で開催された COP17 では 2013 年以降も京都議定書を継続することとされた．2013～2020 年が第二約束期間と設定されたが，この期間はカナダ，ロシア，ニュージーランドとともに日本の不参加までもが決定された．京都議定書は今や，EU やオーストラリア

など一部の国と地域の参加にとどまっている．主要排出国が欠けた実効性に乏しい京都議定書を継続することになったことは非常に残念である．

表 2.1 各国の削減目標(主な国)

附属書Ⅰ国	2020年の削減目標	基準年
日 本	25％削減，ただし，すべての主要国による公平かつ実効性のある国際枠組の構築及び意欲的な目標の合意を前提とする．	1990年
米 国	17％程度削減，ただし，成立が想定される米国エネルギー気候法に従うもので，最終的な目標は成立した法律に照らして事務局に対して通報されるとの認識でのもの	2005年
EU及びその加盟国	20％／30％削減 EUは，2013年以降の期間の世界全体の包括的な合意の一部として，他の先進国・途上国がその責任及び能力に応じて比較可能な削減に取り組むのであれば，2020年までに1990年比で30％減の目標に移行するとの条件つきの提案を行っている．	1990年

非附属書Ⅰ国	新興国の緩和のための行動
中 国	2020年のGDP当たりCO_2排出量を2005年比で40〜45％削減，2020年までに非化石エネルギーの割合を15％，2020年までに2005年比で森林面積を4000万ヘクタール増加等．これらは自発的な行動
インド	2020年までにGDP当たりの排出量を2005年比20〜25％削減（農業部門を除く）．削減行動は自発的なものであって，法的拘束力をもたない．
韓 国	温室効果ガスの排出量を追加的な対策を講じなかった場合（business-as-usual）の排出と比べて2020年までに30％削減

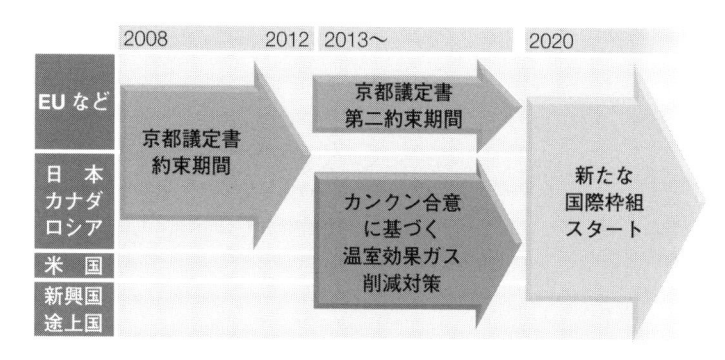

図 2.2 ポスト京都議定書への工程表
[出典　外務省ホームページ]

　一方で，COP17 では，COP16 の"カンクン合意"を踏まえ，米国と中国を含むすべての主要排出国が参加する新たな国際枠組を 2020 年からスタートすることが合意され，2015 年の COP21 での新たな法的文書採択を目指すこととなっている．しかしながら先行きは不透明な点が多い．

2.2　なぜ国際枠組づくりは進まないか

2.2.1　対立する各国の主張

　気候変動，地球温暖化防止に向けた早期の取組みの重要性や，そのための国際枠組の必要性については各国とも認識している．ではなぜ国際枠組づくりは合意に至らないのか．各国とも総論では温暖化防止に異論はないのだが，各論では利害が激しく衝突し，国益の確保を目的とした主張に終始してしまい，温暖化防止に責任あ

る中・長期の国と地域別の法的拘束力のある目標設定が難航している.

そこで,これまでにも触れてきた各国の立場・主張,対立の構造,国際的な枠組についての合意形成が進まない理由について整理する.

国連気候変動枠組条約の交渉がスタートして以降,世界はグローバル化が加速し,ヒト,モノ,カネ,情報の自由,かつ,スピーディーな移動が可能となり,各国の経済,社会の営みが相互に強く関連し合うようになった.これによって課題解決はより一層難しくなっている.

中国,インドをはじめとする新興国の著しい経済成長や人口増加により,温室効果ガスの排出量も増加し,化石エネルギーへの依存度は増している.世界の温室効果ガス排出量に占める新興国の割合は,あっという間に無視できない大きさになり,中でも中国の温室効果ガス排出量は米国を抜いて世界1位となった(図2.3).

このように,交渉がスタートして約20年,交渉の前提となる世界,そして各国の置かれた状況は激変した.このような急激な変化が,各国間の合意形成をより難しくしているのである.

COP17における各国の主な主張をまとめると次のとおりである.

(1) 米国の主張

米国は,新興国,特に中国が削減義務を負わない枠組には絶対に参加しないとのスタンスである.京都議定書批准直前の1997年7月,米国上院議会は,途上国の排出削減・抑制の義務を負わない,

図 2.3 世界の CO_2 排出量―国別割合(2009 年)

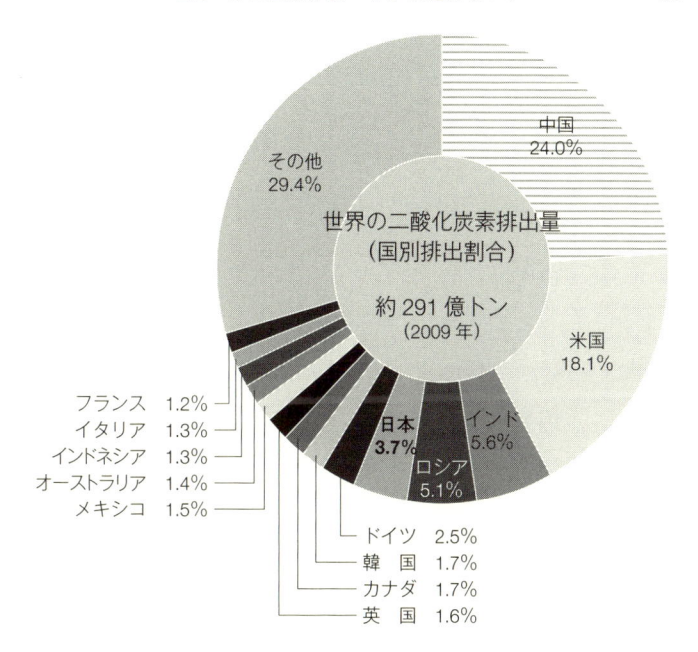

国別排出割合:
- 中国 24.0%
- その他 29.4%
- 米国 18.1%
- インド 5.6%
- ロシア 5.1%
- 日本 3.7%
- ドイツ 2.5%
- 韓国 1.7%
- カナダ 1.7%
- 英国 1.6%
- メキシコ 1.5%
- オーストラリア 1.4%
- インドネシア 1.3%
- イタリア 1.3%
- フランス 1.2%

世界の二酸化炭素排出量(国別排出割合) 約291億トン(2009年)

[出典 EDMC/エネルギー・経済統計要覧2012年版：全国地球温暖化防止活動推進センターウェブサイト]

あるいは米国経済に深刻な影響を与えるような国際条約はこれを認めないとした"バード・ヘーゲル決議"を行っている．米国のスタンスは，このときから一貫しており，特に中国の削減行動の約束は不可欠との主張である．

(2) 日本の主張

日本は，世界全体の排出量に占める割合の大きな米国，中国，インドなどが参加する，衡平で実効性のある国際枠組が必要と主張し

ている．京都議定書第一約束期間で削減義務を負った国の世界の排出量に占める割合は3割を切っており，このままで第二約束期間を設定することは，すべての主要国が参加する枠組づくりに寄与しないとの考えである．

(3) EUの主張

我が国と同様に京都議定書第二約束期間の設定に反対していたが，2013年以降の国際枠組に空白期間が生じることを回避するため，米国，中国を含む2020年までの法的拘束力のある新たな国際枠組の構築に向けた工程表の作成を条件に，第二約束期間の設定・参加に同意した．

(4) 新興国・途上国の主張

"国連気候変動枠組条約の五つの原則"に掲げられている"共通にして差異ある責任"に則り，現在の温暖化を引き起こしたのはエネルギーを大量に消費して発展してきた先進国であり，あくまでも歴史的責任のある先進国が率先して削減行動に取り組むべきであると主張し続けている．

また，先進国による途上国への資金・技術面での支援強化も求めている．中国などが，経済発展の途上であり排出抑制についてはコミットする段階ではないと主張する一方，ツバルやソロモン諸島などの領土が島で構成されている国（島嶼国）は，海面上昇の脅威にさらされていることなどから，先進国だけでなくすべての新興国・途上国が参加する枠組構築の必要性を主張している．

次項で，このように異なる各国の主張が何に起因しているのかをあげてみたい．

2.2.2 なぜ主張の違いを乗り越えられないのか

第1は，地球温暖化に対する問題意識と危機感の不足である．

気候変動とその影響は，短期間で急激に現実化するものではなく，長い時間をかけてゆっくりと顕在化していくという性質をもっている．我々は，現時点では地球温暖化の多大な影響を日々身をもって実感しづらいということもあり，危機感を抱きにくい．そのため，まだ対策の先延ばしが可能であると油断してしまう．

しかし，影響や被害が現実化しだれもが実感できるようになったときには，もはやそれを防ぐことは技術的にも経済的にも不可能になるということを強く認識しなければならない．その意味で温暖化は不可逆的な問題なのである．

気候変動への対応は，まさにこうした"油断"からの脱皮が求められているものであり，スターン・レビューが発する"今行動を起こせば気候変動の最悪の影響は避けることができる"との警告を少なくとも各国のリーダーは共有する必要がある．

第2は，気候変動への対応は経済成長の障害となるとの硬直的な考え方だ．これは，温暖化をもたらした従来の大量生産・大量廃棄，過度な資源・エネルギー依存による経済社会システムの延長上で気候変動への対応を考えようとするためだ．

大事なことは，経済成長と資源・エネルギー投入量とは高い相関関係にあるとの旧来型の思考（カップリング）から脱し，避けられ

ない地球資源の制約の中で，資源・エネルギーに過度に依存しない（非相関な）低炭素社会の構築を目指し，新しい視点で経済成長を図っていくことだ．第3章以降で詳述するが，その鍵となるのは地球資源とそのサービスの提供力を持続可能とする低炭素経済システムの構築である．

第3に，先進国と新興国や途上国間の利害対立があげられる．これは経済・社会の成熟度の違いによる，温暖化責任のあり方，経済成長の権利，緩和・適応補償，衡平論などに基づく国益をかけた強固な対立だ．いずれも相互に認め合い，納得の得られる結論を見出すには極めて難しい課題ではあるが，国連気候変動枠組条約の原則である"共通にして差異ある責任"のもとに丁寧な議論を重ね，政治的に結論を出す以外にない．

しかし，残念ながらこれまでのCOP会議においては，各国・各地域の権利の主張と責任回避の議論に終始し，各国・各地域共通の責任についての丁寧な議論が疎かにされてしまった．

求められているのは，長期にわたる地球温暖化防止という国際社会共通の目標達成責任への理解であり，過去の責任はもとより，将来にわたる責任でもある．この観点から言えば，過去の責任にこだわり続ける，特に新興諸国の責任感には大いに疑問をもつ．とりわけ主要排出国，あるいは今後主要国となる可能性のある諸国には，主要国としての責任をもった主張と行動をぜひ望みたい．

一方，先進国は衡平性実現に過度にこだわることなく，資源制約のもとでの新しい低炭素社会構築を目指し，新しい時代をリードする先進国に生まれ変わるための，新たな競争力強化を図るにふさわ

しい主張への転換が求められよう．

2.2.3 国連の意思決定方式の問題

前述のように，COP15では，COP13のバリロードマップで示され期待された，先進国での法的強制力のある中期削減目標の設定や途上国・新興国でのMRVが可能な行動計画の設定などの合意を正式採択できず最終的には政治的"留意"にとどまってしまった．しかもこれは，COP13で合意実施準備機関として設置されたAWGの活動による事前準備がなされ，かつ，COP15の全体会合に先立ち，主要な先進国や途上国をはじめ島嶼国の首脳による議論を行い，全体会合でも"コペンハーゲン合意"としてほぼすべての国が賛同したにもかかわらずのことだった．

理由は，ベネズエラ，キューバ，ボリビア，スーダンなどの数か国が素案作成過程の不透明さを理由に反対したことにあった．国際的合意形成の難しさが如実に表れたかたちだ．

このような結果を招いた要因の一つとして，気候変動関連の会議のみならず，他の国際会議にも採用されている満場一致方式（コンセンサス方式）をあげざるをえない．ましてや190を超える国と地域が参加する国連の会議では当然のことである．多数の国と地域の立場を代弁する代表国をどのようなプロセスで選出するのか，また議論そのもののプロセスをどうするのか，実質的で効率的に議論を進めていくための国連の意思決定システムについて，今こそ早急な改革が必要だと考えられる．

第3章 我が国における低炭素社会の構築

3.1 我が国の温室効果ガス排出状況

3.1.1 我が国の削減目標について

京都議定書では,排出の抑制及び削減に関する数量化された約束の対象となる温室効果ガスを CO_2(二酸化炭素),CH_4(メタン),N_2O(一酸化二窒素),HFC(ハイドロフルオロカーボン),PFC(パーフルオロカーボン),SF_6(六ふっ化硫黄)としている.

京都議定書における我が国の温室効果ガスの削減目標は基準年(1990年度)比で第一約束期間(2008〜2012年平均)6%である.

京都議定書では,副次的な削減目標達成手段として森林吸収源対策と京都メカニズムの利用が認められており,我が国はそれぞれ3.8%と1.6%の削減幅が確保されている.したがって,第一約束期間の国内排出量の実質的な削減目標は基準年度比0.6%である.

3.1.2 京都議定書目標の達成状況

我が国の2010年度の温室効果ガス総排出量は図3.1のように,

注 本章におけるCOPに関連する年次表記については,国内のデータは我が国の国連報告方式に基づき"年度"表記とし,国外,若しくは世界全体のデータは"年"表記を基本としている.

12億5 800万トンとなり，1990年度比0.3％の減少となっている．これに森林吸収源対策や京都メカニズムを活用することによって，総計5.7％の減少が見込め，基準年比6.0％の目標を達成できそうな状況である．しかしながら，京都メカニズムの活用は1億トン強であり，現在のCDM価格は下落しているが，契約時の価格が1トン当たり10ドル程度の価格だったとすれば，約8 000億円の費用を要することになる．

今後，このような国外への費用流出の増大を防ぐためにも，我々自身による温暖化防止活動を戦略的，かつ，積極的に進めていくことが望まれる．そのためにも，温暖化防止促進政策や制度の速やか

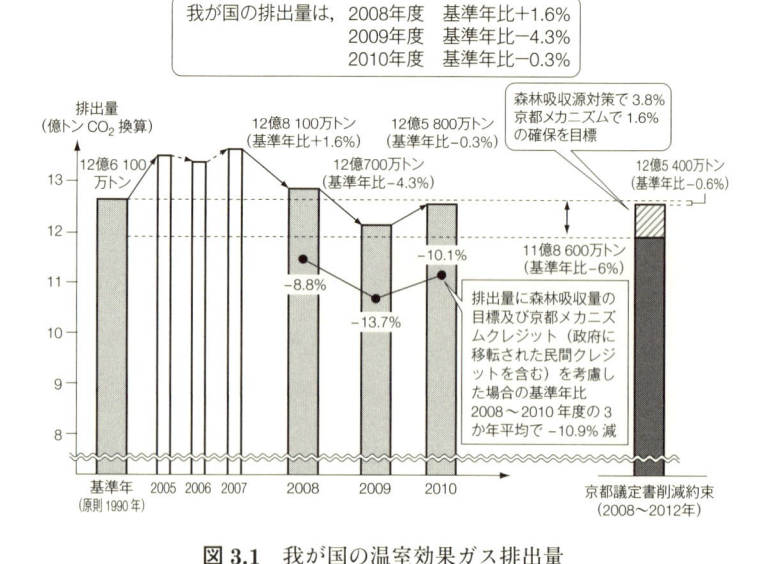

図3.1 我が国の温室効果ガス排出量

[出典　環境省資料　2010（平成22）年度の温室効果ガス排出量（確定値）について］

3.1.3 部門別削減状況

部門別に基準年からの排出削減状況を間接排出量で見てみると，部門別の課題が見えてくる．なお，間接排出量とは，電気事業者の発電に伴う排出量及び熱供給事業者の熱発生に伴う排出量を，電力消費量及び熱消費量に応じて最終的な需要部門に配分した後の排出量を指す（図3.2, 表3.1）．

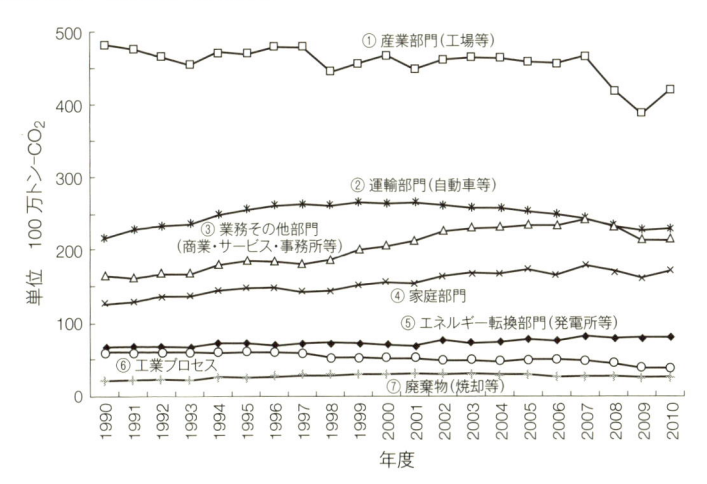

	1990年 (100万トン-CO_2)	2010年 (100万トン-CO_2)	各部門の2010年度排出量の基準年排出量からの変化率
① 産業部門	482	422	▲12.5%
② 運輸部門	217	232	+6.7%
③ 業務その他部門	164	217	+31.9%
④ 家庭部門	127	172	+34.8%
⑤ エネルギー転換部門	68	81	+19.3%
⑥ 工業プロセス	60	41	▲33.9%
⑦ 廃棄物	22	27	+20.6%

図3.2 CO_2の部門別排出量(電気・熱配分後)の推移

[出典 環境省資料2010（平成22）年度の温室効果ガス排出量（確定値）について]

表 3.1 部門別の CO_2 の排出量・シェアと基準年比増加率

(単位:100万トン-CO_2)

		京都議定書の基準年 [シェア]	2009年度（基準年比）	前年度からの変化率	2010年度（基準年比）[シェア]
	合　計	1 144 [100%]	1 142 (-0.2%)	→ ⟨+4.4%⟩ →	1 192 (+4.2%) [100%]
エネルギー起源	小　計	1 059 [92.6%]	1 075 (+1.5%)	→ ⟨+4.5%⟩ →	1 123 (+6.1%) [94.2%]
	産業部門（工場等）	482 [42.1%]	388 (-19.5%)	→ ⟨+8.7%⟩ →	422 (-12.5%) [35.4%]
	運輸部門（自動車等）	217 [19.0%]	230 (+5.7%)	→ ⟨+0.9%⟩ →	232 (+6.7%) [19.5%]
	業務その他部門（商業・サービス・事業所等）	164 [14.4%]	216 (+31.3%)	→ ⟨+0.5%⟩ →	217 (+31.9%) [18.2%]
	家庭部門	127 [11.1%]	162 (+26.9%)	→ ⟨+6.3%⟩ →	172 (+34.8%) [14.4%]
	エネルギー転換部門（発電所等）	67.9 [5.9%]	80.0 (+17.9%)	→ ⟨+1.2%⟩ →	81.0 (+19.3%) [6.8%]
非エネルギー起源	小　計	85.1 [7.4%]	67.0 (-21.2%)	→ ⟨+2.3%⟩ →	68.6 (-19.4%) [5.8%]
	工業プロセス	62.3 [5.4%]	40.3 (-35.3%)	→ ⟨+2.1%⟩ →	41.2 (-33.9%) [3.5%]
	廃棄物（焼却等）	22.7 [2.0%]	26.7 (+17.5%)	→ ⟨+2.6%⟩ →	27.4 (+20.6%) [2.3%]
	燃料からの漏出	0.04 [0.0%]	0.04 (-4.0%)	→ ⟨-5.7%⟩ →	0.03 (-9.5%) [0.0%]

[出典　環境省資料 2010（平成22）年度の温室効果ガス排出量（確定値）について]

(1) 産業部門の減少

基準年(1990年)からの削減は12.5％と順調に推移しているが、リーマンショック以降の景気後退とその後の景気による生産量の増減に大きく振られている．また、排出量シェアは基準年と比較し大幅に縮小しているものの35.4％と高位にある．エネルギー高依存型体質からの脱皮が求められる．

(2) 業務部門・その他部門の増加

業務部門・その他部門の排出量は基準年比31.9％増となり全体の18.2％に達している．これは産業構造のサービスシフトによる商業や金融サービス、情報・対人サービスの増加によるものであろう．

(3) 家庭部門の増加

業務部門と同様、基準年比34.8％増となり、全体の14.4％に達している(運輸部門の自家用車分を加えれば約20％)．これは、家庭用機器の大型化・高機能化などによることと、世帯数が増加していることなどによるものと考えられる．

参考までに、増加幅の大きい業務・家庭部門合計では、基準年から33.6％増、シェアでは32.6％を占め、産業部門の35.4％に迫る勢いである．

(4) エネルギー転換部門

電力配分前の直接方式でエネルギー転換部門の排出推移を見る

と，基準年比では22.8%の増，シェアでは33%と大きい．

2011年度は東日本大震災の影響で電力需要は減ったものの火力の発電比率が増加したため，電力原単位（発電量当たりのCO_2発生量）が大幅に悪化し排出量が増加している（図3.3）．

| 2011年度 | 原子力 1 018 | 火力 6 785 | 水力 744 | 新エネ等 27 |
| 2010年度 | 原子力 2 882 | 火力 5 533 | 水力 742 | 新エネ等 26 |

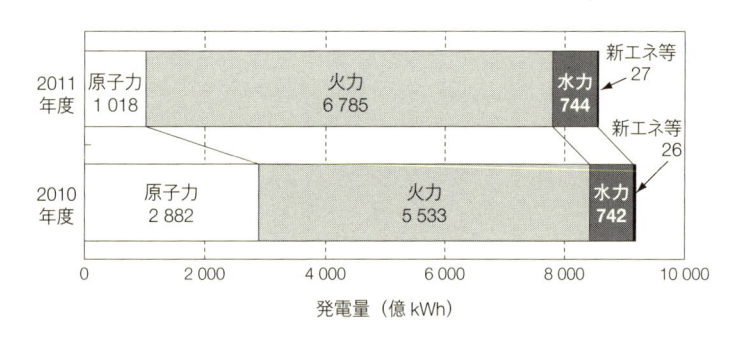

発電量（億kWh）

図3.3 電気事業者の電源別発電量(資源エネルギー庁の資料から作成)

3.2 低炭素社会の構築

3.2.1 目指すべき低炭素社会とは

大気中の炭素濃度上昇によって起こる地球の温暖化は，温室効果ガス排出を止めても，一度放出された大気中の残留温室効果ガス濃度は単純な寿命に従って下がるわけではなく，地球の吸収力によって減少（大気中炭素濃度の低下）しない限り，進行するのみである．非常に複雑な炭素循環システムが関与するが，産業革命以前の気温に戻るには数千〜数万年単位の長い年月がかかると言われている（IPCC第4次評価報告書第一作業部会）．すなわち，地球の温度は一旦上昇してしまうと下げることが難しくなるのだ．

したがって，MOP3（京都議定書締約国第3回会合）のAWGでも確認されたように"世界の気温上昇を2～3℃以内に抑えるために，今後10～15年程度で世界全体の排出量のピークアウト，2050年までに半減が必要となる"ことが国際社会の大命題である．また，そのためには"先進国全体では2020年までに25～40％，2050年までに80％以上の削減が必要"であり，先進国の責任ある取組みが期待されている．

図3.4に示すように，これからの我が国が目指すべき排出量削減への挑戦がいかに大変なものであるかを示している．1970年代はGDPが上昇しながらも，エネルギー消費量は横ばい，すなわちGDPとエネルギー消費量が相関関係にないデカップリング状態になった．我が国は石油危機を省エネ技術開発などで克服したからだ．しかしその後，バブル景気やその崩壊を経て経済復興を急ぐあまり，1960年代と同様に再びエネルギー消費を伴う経済成長（GDPと消費量が相関するカップリング状態）に戻ってしまった．

図3.4ではまた，今後のあり方も示されている．我々が目指す方向は容易なことではないが，成長とエネルギー消費量が切り離され，ワニの口が大きく開かれた（デカップリング状態）経済・社会の構築を目指さなければならない．地球資源は無限だとの考えのもとに成り立っていた工業化以降の大量生産，大量消費，大量廃棄を通して大量の温室効果ガスの発生を許してきた従来の経済社会システムからの大転換が必要なのである．地球資源（安定した気候も含む）の制約の中で我々が生き生きと経済活動や生活を営むことができる社会，これが目指すべき"低炭素社会"である．また"低炭素

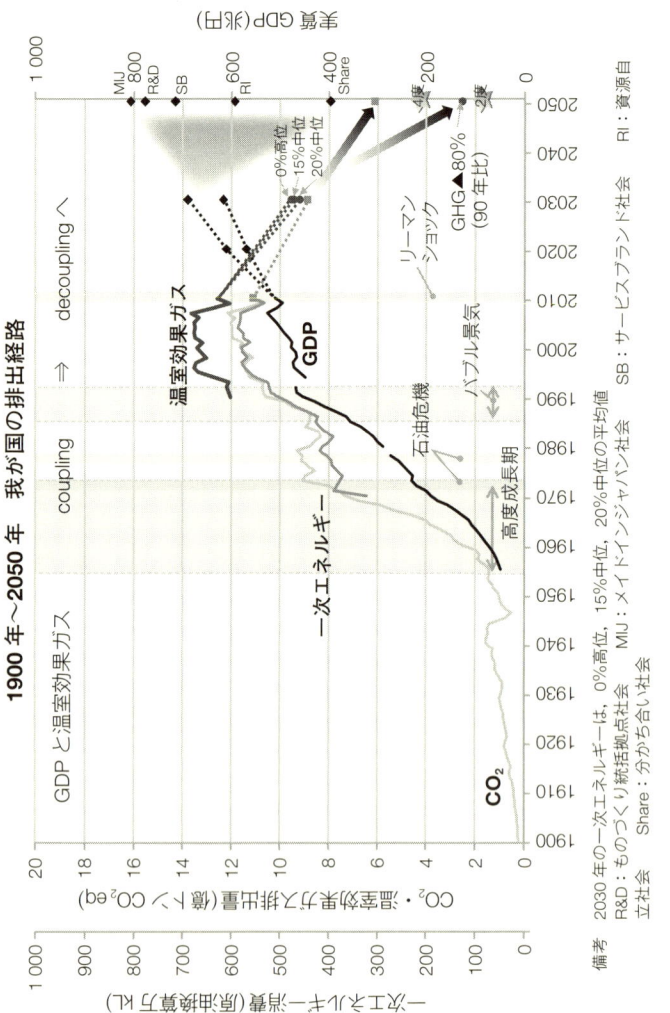

66　第3章　我が国における低炭素社会の構築

図 3.4　CO_2 と GDP のデカップリング

備考　2030年の一次エネルギーは、0%高位、15%中位、20%中位の平均値
　　　R&D：ものづくり新拠点社会　MIJ：メイドインジャパン社会　SB：サービスブランド社会
　　　RI：資源自立社会　Share：分かち合い社会

社会"構築を目指し，国家の成長と発展を図ろうとする"グリーン成長"を掲げる国が増えてきたことを忘れてはならない．

詳しくは後述するが，OECDは，すでに経済成長を環境圧力と分離する方向を2001年に明確にしている．ドイツはここ20年来エネルギー量を一定に保ちながら経済成長を遂げ，デカップリングに成功している，さらにはASEAN（Association of South East Asian Nations：東南アジア諸国連合）各国をはじめとするアジアの主要国は，欧米先進国の援助を受けて，急速に"グリーン成長"路線へ舵を切りつつある．

3.2.2　低炭素社会構築は日本再生のチャンスとなる

グローバル大競争，少子高齢化・人口減少，大震災からの復興，円高・デフレなどによる経済の停滞から脱皮しようと模索している我が国にとって，この大命題へのチャレンジこそ，日本再生のチャンスとなる．

我が国には当該分野における過去の努力の成果，すなわち革新的技術，優秀な人材などの資産がある．低炭素化にかかわる産業は我が国が得意とするものづくり産業が基盤だ．また，1970年代の石油危機をチャンスに変えた我が国の低炭素化技術革新は世界のモデルともなった．

世界トップレベルの低炭素社会構築を国家戦略として積極的に進めるとともに，エネルギー多消費型産業の資源生産性向上とサービス産業の強化といった産業構造改革の推進や産業の国際競争力の強化，コンパクトシティ（compact city：集約型都市構造，新し

い都市の将来像として公共交通機関を整備し,CO_2の排出量を抑えることを目標とする地域づくり．地域によってコンセプトは異なる）の促進・構築による少子高齢化社会への対応,モーダルシフト（modal shift：トラックによる幹線貨物輸送を地球に優しく大量輸送が可能な海運や鉄道に転換すること）などによる輸送システムの改革,エネルギー変換やエネルギー需給システムなどの国家基盤となるインフラ改革,そしてまた,東日本大震災の被災地を中心とした関連産業拠点化の促進などに注力していくことは,地球レベルの温暖化のみならず,日本再生を図る切り札になると確信する．

3.2.3 環境保全と経済成長の両立を図る

低炭素社会構築にあたっては,資源制約に対応できる資源生産性の高い経済社会の営みを実現することになる．製品・サービスを社会に提供する企業にとって,資源生産性を高めることは生産コストの削減や製品・サービス競争力の向上,企業収益力の向上につながり,これはまさに,以前から経営の基本中の基本として取り組んできた課題である．しかし,温暖化防止に向け,資源・エネルギー高依存型社会から脱却するためには,さらなる技術革新やイノベーション（社会構造の変革）が必要であり,それには大規模,かつ,長期的な回収を可能とする投資環境を整える必要がある．そのためには,長期にわたる普遍的な低炭素化ニーズ（価値）の醸成と,低炭素化を競う顧客市場や金融資本市場の構築が必要となる．

こうした投資に対する危惧を払拭するためにも,早期に低炭素社会構築を国家ビジョンとして定め,グリーン成長戦略とそれを支え

る経済システム（政策・制度）の構築に向けた戦略的取組みが必要だ．低炭素社会構築が遅れる国は，国際社会の先導役から脱落せざるをえないことを強く認識すべきである．

3.2.4 責任ある高い目標を設定する

まず，我が国が目指す低炭素社会の目標を明確にする必要がある．すなわち，2050年における長期削減目標及び排出量のピークアウトを実現する2020〜2025年の中期削減目標の設定が必要だ．しかし，前述したように，地球温暖化防止に足る世界各国・各地域の中・長期削減目標は残念ながらいまだ合意ができておらず今後の進展を待たざるをえない．

しかし我が国が世界トップレベルの低炭素社会構築を目指すことによって先進国としての役割を果たすと同時に，日本再生を実現しようとするのであれば，2007年に開催されたMOP3のAWGでも確認された"先進国は2020年までに1990年比25〜40％の削減と2050年までに80％の削減"を踏まえた低炭素社会構築の目標を設定すべきであろう．

3.2.5 バックキャスト思考での取組み

繰り返しになるが，低炭素社会の構築とは，地球資源は無限だとの考えのもとに成り立っていた工業化以降の大量生産，大量消費，大量廃棄を通して，大量の温室効果ガスの発生を許してきた従来の経済社会システムからの大転換を行うことである．したがって，従来システムを起点に可能な変革を積み重ねるやり方（forecast：フ

ォアキャスト）では到底，目指す低炭素社会に到達することはできない．

我々は将来目標とする低炭素社会の姿を描きそれを起点として遡り（backcast：バックキャスト），現在いかなる変革を起こすべきかを定め，目標達成への道筋を描き，改革に着手しなければならない．

気候変動対策に関する科学的知見を示したIPCC第4次報告書では，2050年までに産業革命以前の気温に比して，気温上昇を2℃以内に食い止める場合から，成り行き移行の場合まで六つの道筋を示した．これもまた，目標達成のためには，国際社会はバックキャストによって早急に経済・社会の大変革に着手する必要があることを促したと言えよう．

3.2.6　全員参加の取組み

地球温暖化を含む地球環境問題は，加害者である多くの人々が，同時に被害者でもある．温暖化問題はまさに地球規模の加害者がいて，地球規模の被害者がいるのだ．1970年代の我が国における公害問題のように一部の加害者と一部の被害者が特定できた出来事とは異質の問題である．したがって，一部のだれかを責めることで解決が図れる問題でもなく，すべての人々が地球の住民である以上，加害者としての責任と同時に，被害者としての危機感のもとに取り組まなければならない問題なのだ．

このことは先進国と途上国，資源・エネルギー供給部門と需要部門，さらには企業内の開発・生産部門と販売・業務のいずれを問わ

ず"全員参加"で取り組むべき課題なのだ．

　企業でいえば，温室効果ガス排出の主要部門として製造部門だけが取り組めば済むのではなく，排出量の約30%近くを占める開発部門，本社部門や販売部門などの業務部門（当社実績）の取組みも大事である．さらにはサプライチェーンを通して多くの関連会社との連携による全員参加活動も必要だ．

3.3　進む各国のグリーン成長戦略と政策展開

　各国・各地域の低炭素社会構築の動きはどうだろうか．国連気候変動枠組条約に基づく国際交渉の進度とは裏腹に，各国とも，国家ビジョンとして低炭素社会像を描き，国家戦略として"グリーン成長戦略"を掲げ，それを支える経済基盤の変革を意図した"グリーン経済政策"の導入を図りつつある．これによって"技術革新"そして"イノベーション"（社会基盤改革）を戦略的，かつ，効率的に推進していこうというのである．これは各国とも，これからの経済・社会活動は地球資源の制約の中でしか展開できず，環境・エネルギー保全は不可避であるとの認識の高まりを示している．

　これらの動きは，グローバル市場では企業や国家の存続を賭けた大競争がすでに始まっていることも大きな背景にある．今や，グリーン成長戦略の展開と，これを支えるグリーン経済システムの整備（導入）は，国家の持続的発展を実現し，国益を守るためにも先延ばしのできない重要な国家戦略となってきた．

3.3.1 米国のグリーンニューディール政策

2008年の米国大統領選挙でオバマ大統領が掲げた"グリーンニューディール政策"は，リーマンショックで打撃を受けた米国経済を化石エネルギーや重厚長大産業依存から，新たな環境・エネルギー産業への積極投資によって産業構造の大転換を図ることで復興させようとするものであった．またこれは"経済成長と地球環境保全との両立を図る"ことを世界で初めて宣言するものでもあった．

参考までに，この両立論は，私が1998年にリコーグループの環境保全活動の理念として掲げ社会に提唱した環境保全と企業利益創出の両立を図る"環境経営"と，方向性を同じくするものであった．4.3.4項及び5.2.4項の環境経営を参照されたい．

この政策を推し進めるため，2010年には米国の8割をカバーする国内排出取引制度や温室効果ガス排出規制を含む米国クリーンエネルギー及び安全保障法案（通称，ワックスマン・マーキー法）が提出された．制定には至っていないが（2013年4月現在），下院本会議の可決までは行われた．もともと米国では，州政府・地方レベルでの排出量取引制度が自主的に進められており，米国北東部9州が参加するRGGI（Regional Greenhouse Gas Initiative：地域温室効果ガスイニシアチブ）が活動している．

また，最近ではオバマ大統領が2期目就任後に行った初めての一般教書演説（2013年2月）で"気候変動問題への対応が重要"と強い意志を示していたことが記憶に新しい．今後，米国は再生可能エネルギーへの投資やエネルギー効率向上にさらに力を入れていくものと考えられる．

3.3.2 EUのグリーン成長戦略

EUでは2005年から排出量取引制度として，EU-ETS（European Union–Emissions Trading Scheme：EU域内排出量取引制度）を実施している．第1フェーズは，2005年1月1日〜2007年12月31日，第2フェーズは，2008年1月1日〜2012年12月31日で行われた．2013年以降は5年ごとの実施となっている．製品に対する政策としてはIPP（Integrated Product Policy：総合製品政策），EuP（Energy-using Products：エネルギー消費型製品）のエコデザインに関する枠組指令により，順次多くの製品に対する要件が定められつつある．

また，EU首脳会議は2010年6月に，それまでのEUの経済成長・雇用に関する"リスボン戦略"に代わる新しい中期成長戦略"欧州2020"を採択した．さらに，その合意に基づいて2011年1月にはエネルギー新戦略"エネルギー2020"が発表され，

① 温室効果ガスの排出量を2020年に1990年比で20%削減する（ただし，EUは従来から，先進国が同等の努力を途上国が責任に応じた努力をするなら，EUは30%削減することを公約していた）．
② 最終エネルギー消費に占める再生可能エネルギーの割合を20%に引き上げる．
③ エネルギー効率を20%高める．

という三つの目標が掲げられた．

このように，EUは昨今の経済危機に苦しみつつも，従来から気候変動問題への対応を成長戦略の基本に据えた戦略をとり続けてい

る.

3.3.3 英国のグリーン成長戦略

英国は温暖化防止政策面では世界のリーダー的役割を果たしている.2008 年に気候変動に対応する長期的枠組の構築を目指した"英国気候変動法"を制定した.法的拘束力のある排出削減目標を設定することによって,低炭素社会への移行促進を図っている.

また,同法律のもとにカーボンバジェット(carbon budget:炭素削減計画)を策定し,5 年間に排出できる温室効果ガスの総量の上限を設定した.カーボンバジェットによって 2020 年と 2050 年そしてその先への道筋を明確にすることで,政府は英国の低炭素社会への移行について長期的な枠組を提示している.具体的には,温室効果ガスを 2020 年までに 34%,2050 年までに 80% の削減を目指している.

カーボンバジェットの特色は,国の予算を通貨単位で示すばかりか炭素量単位で示し,各省庁に割り当てていることである.これによって産業界や個人などそれぞれの役割と責任が明確に示される.

また英国は,2050 年までに 80% 削減するためには,低炭素経済社会への転換の必要性を強く意識し,市場メカニズムを活用した政策手法が不可欠と考えている.EU-ETS を含む"キャップ・アンド・トレード"[cap and trade:排出量取引における一つの手法である.あらかじめ温室効果ガスの排出枠に上限(キャップ)を設定し,排出枠を割り当てられた参加者間の自由な売買(トレード)を行う.温室効果ガスの排出量を対象部門ごとに制限でき,費用

対効果も高いため，EU-ETS をはじめ，各国・各地域で実施，検討されている］の制度導入や，CCL（Climate Change Levy：気候変動税）とその減免措置である CCA（Climate Change Agreement：気候変動協定）の活用に積極的である．

3.3.4 韓国・中国のグリーン成長戦略

製造業の多くの分野で我が国の競争相手となった韓国・中国においても，環境への取組みは加速している．その理由としては，環境汚染の深刻化やエネルギー需給のひっ迫などの国内事情もあるが，両国とも低炭素化を国家の重要戦略として位置づけ，国をあげて次の有力産業に育てようとしていることがうかがえることである．

韓国はかつて産業政策でも集中と選択を図り産業の競争力を高めたように，2008 年に"グリーン成長戦略"を打ち出し，一定の資源を投入，新たな経済成長を図ることをねらっている．2010 年には"低炭素グリーン成長基本法"を成立させ，さらに研究・戦略拠点となる GGGI（Global Green Growth Institute：グローバル・グリーン成長研究所）を設立しパートナー国を増やしながら環境分野においてリーダーシップを確立しようとしている．

一方，今や世界最大の CO_2 排出国となった中国も，環境分野において意欲的な取組みを開始している．"国民経済と社会発展に関する第 11 次 5 か年計画"（2006〜2010 年）では，環境改善目標を設定し，様々な政策導入がなされたが，2011 年から始まった"同第 12 次 5 か年計画"では，成長の"量"ではなく"質"の大切さを強調している．環境・省エネ分野を"戦略的新興産業"と位

置づけ，同産業の年間成長率を15％以上とし，2015年までに生産総額をGDPの8％前後にあたる4.5兆元（約56兆円／発表時レート：1元＝約12.4円）を目指すという．実際，風力発電では米国を抜いて世界最大の総発電容量を実現するなど，中国のグリーン市場は拡大の一途をたどりそうな勢いである．

さらに同計画では，暫時取引市場を整備することを明記しそれに基づき排出量取引モデル事業を展開している北京，上海，重慶など主要地方政府での排出枠割当てを2013年から開始している．

先進国の技術にキャッチアップするかのように成長してきた両国であるが，環境分野におけるこうした野心的な動きを考えると，我が国が世界でリードしてきた環境技術において先行を許す恐れも十分に考えられる．産業競争力の観点からも，我が国も国家ビジョンとして低炭素社会像を描き，国家戦略として"グリーン成長戦略"を明確に掲げ，それを支える経済基盤の構築を意図した"グリーン経済政策"の導入と実施が求められている．

3.4 我が国のグリーン成長戦略と促進政策の現状と課題

我が国も低炭素社会への転換を国家戦略として掲げ，これを軸としたグリーン成長戦略の展開へと舵を切り始めている．しかし，果たして目指すべき低炭素社会像や量的・質的な経済成長との両立を図る"グリーン成長戦略"と，それを促進させる"グリーン経済政策"などの展開はどうなっているのかを見てみよう．

3.4.1 先延ばしが続く地球温暖化対策基本法の制定

我が国の温暖化対策を進めるうえでの理念，基本戦略，中・長期削減目標，達成への道筋，促進政策（排出量取引，環境税，支援制度，規制強化など）の基本方針を定める"地球温暖化対策基本法"は，いまだに法制化に至っていない状況だ．

地球温暖化対策基本法案は，2008年6月と2009年4月に参議院に提出されたが廃案になった．その後，紆余曲折を経て，再提出されたが残念ながら，国会で満足に審議されないまま，2012年11月16日の衆院解散により，またもや廃案となった．

国の将来のあり方を定める重要な法案が制定されず，店ざらしにされている間に，新興国が国家戦略のもとに戦略的投資・革新を展開していることを考えると，疑問を投げかける以前に寒気さえ感じる．このような異常な状況から脱するために，政治には責任をもった取組みを大いに期待したい．

とはいえ，政治の責任に帰すことは容易だが，同時に，中・長期的な視点をもって政治を動かすことができない我々企業人，国民としてもなすべきことも多い．

3.4.2 我が国のグリーン成長戦略とその課題

我が国の"地球温暖化対策基本法"が依然定まらない一方で，日本版グリーン成長戦略として，2009年6月に麻生政権下で発表された"日本版ニューディール政策"，2010年6月に菅政権下で閣議決定された"新成長戦略"，2012年7月に野田政権下で閣議決定された"日本再生戦略"などが策定されてきた．

しかし，先にEUや英国のグリーン成長戦略を紹介したが，それらとの比較において，我が国のグリーン成長戦略の決定的な違いが2点ある．

第1に，法的拘束力のある中・長期削減目標がないことである．したがって，戦略の中身は単なる戦略項目の羅列になりがちで，削減目標を達成する手段とはなりえない．EUや英国のそれは目標値を法制化することにより，達成への道筋を描き，戦略の重点化と必要な予算処置を図っていることである．

英国の"カーボンバジェット"を比較に出すまでもないが，低炭素化を予算化し，PDCA（Plan-Do-Check-Act）サイクルを回してその進捗管理がなされない我が国の戦略は，経費のみの支出に終わることになろう．

第2に，低炭素社会構築のためにまず取り組まなければならない低炭素経済への移行を明確に示していないことである．地球資源の制約の中での生活や企業，社会の営みを実現するには，その基盤となる低炭素化を価値基準とする新しい経済システムへの移行が必要である．

したがって，社会における新しい価値観（炭素価値）を生み出すための"排出量取引制度"や"炭素税制"などの政策をもあわせて，グリーン成長戦略に組み入れる必要がある．これを避けていては，民間資金の有効活用すら引き出すことはできず，財政支出に頼らざるをえなくなる．

3.4.3　決まらない中・長期削減目標

（1）　長期削減目標

　国家ビジョン"低炭素社会の構築"の内容として最も重要な中・長期削減目標はどうか．IPCC 第 4 次報告書発行以降に主要国首脳会議や国連気候変動枠組条約会議などで，温度上昇を 2℃以内に抑えることに大筋では異論が出たことはない．2008 年 7 月に我が国の洞爺湖で行われた主要国首脳会議（通称，洞爺湖サミット）では，温室効果ガスの排出削減について"2050 年までに世界全体の排出を少なくとも 50％削減することを達成目標とし，国連気候変動枠組条約の全締約国と検討・共有化を図り採択することを求める"ことが明記された．

　また，その首脳宣言の中には"自らの指導的役割を認識し，我々各国がすべての先進国間で比較可能な努力を反映しつつ，排出量の絶対的削減を達成するため，野心的な中期の国別総量目標を実施する"ことが織り込まれた．世界全体の排出量を 50％以上削減するためには，先進国が 80％以上削減しなければならないことは科学的知見及び公平性の観点からすれば異論のないところである．

　我が国が 2050 年に 1990 年比で 80％削減することの実現可能性については，中央環境審議会地球環境部会の"2013 年以降の対策・施策に関する報告書"において"省エネルギー・低炭素エネルギー技術の導入に加え，CCS（Carbon dioxide Capture and Storage：二酸化炭素回収・貯留）により，2050 年までに 80％削減を達成する可能性を見出した"とされている．

(2) 中期削減目標

我が国の 2020 年の削減目標について,歴代首相は次のように表明してきている.麻生政権下の 2009 年 6 月 10 日に発足した"中期目標検討委員会"(2008 年 11 月～2009 年 4 月)報告結果とパブリックコメントの実施結果をもとに,麻生首相(当時)は,外国からの排出権購入などを含まない"真水"の削減目標として"2005 年比 15％削減(1990 年比 8％削減)"を発表した.しかし"検討委員会"の議論が,実現性,負担の公平性,経済成長に重きを置いたものであったがために,IPPC 第 4 次報告で示された水準とは大きく乖離するものとなったことは否めない.

続く,鳩山首相(当時)は 2009 年 9 月 22 日,国連の気候変動サミット(ニューヨーク)において,2020 年までに 1990 年比で 25％の削減目標を明らかにした.これに対して,その実現性や公平性,経済成長への影響などの問題意識から特に産業界からの大きな反発を招いた.

2010 年 1 月末,日本政府は,コペンハーゲン合意に基づいて"すべての主要国による公平,かつ,実効性ある国際枠組の構築と意欲的な目標の合意を前提として,温室効果ガスを 2020 年までに 1990 年比で 25％削減する"との目標を国連気候変動枠組条約事務局に提出した.この高い目標の表明自体は,温暖化防止を真に食い止める目標として,かつ,世界をリードする低炭素社会実現目標として意義のあるものだったが,目指す低炭素社会像や実現への道筋が定かなものではなかった.

その後,2012 年 3 月に政府は,同事務局に"東日本大震災及び

東京電力福島第一原子力発電所の事故を踏まえたエネルギー政策,温暖化対策の見直し作業中であり,目標の詳細情報は後日提出する"と通報し,それ以降,我が国の中期目標は不明確なままである(2013年1月時点).

参考までに,2020年の国内の排出量削減の実現可能性について,前述した"2013年以降の対策・施策に関する報告書"では,省エネ・再エネ対策の進捗度や経済成長率を想定して,表3.2の試算結果を提示している.要点は,2020年25%削減の可能性はほとんどないが,2030年30%削減であれば15%以上の原子力発電比率を確保し,かつ,高レベルの省エネ・再エネなどの対策・施策をとれば達成可能であるということである.また,もし25%以上の原子力発電比率を確保すれば中位以上の対策でも達成可能としている.

表 3.2 温室効果ガス排出量の試算(慎重シナリオ)

<table>
<tr><td rowspan="7">省エネ・再エネ等の対策・施策の強度 ←→</td><td>(施策大胆促進)
高 位</td><td>2020年</td><td>▲19%</td><td>▲17%</td><td>▲16%</td><td>▲15%</td><td>▲11%</td><td>▲5%</td></tr>
<tr><td></td><td>2030年</td><td>▲39%</td><td>▲35%</td><td>▲33%</td><td>▲31%</td><td colspan="2">▲25%</td></tr>
<tr><td>(施策促進)
中 位</td><td>2020年</td><td>▲15%</td><td>▲13%</td><td>▲12%</td><td>▲11%</td><td>▲7%</td><td>▲1%</td></tr>
<tr><td></td><td>2030年</td><td>▲34%</td><td>▲30%</td><td>▲27%</td><td>▲25%</td><td colspan="2">▲19%</td></tr>
<tr><td>(参考)(施策継続)
低 位</td><td>2020年</td><td>▲9%</td><td>▲6%</td><td>▲5%</td><td>▲4%</td><td>▲2%</td><td>+2%</td></tr>
<tr><td></td><td>2030年</td><td>▲24%</td><td>▲20%</td><td>▲17%</td><td>▲15%</td><td colspan="2">▲8%</td></tr>
<tr><td colspan="2">総発電電力量に占める
原子力発電の割合
(2030年)
(総合資源エネルギー調査会
基本問題委員会資料より)</td><td>35%
(参考)</td><td>25%</td><td>20%</td><td>15%</td><td>0%</td><td>0%
(2020年
0%)</td></tr>
</table>

備考　▲%:温室効果ガス排出量の基準年(原則1990年)からの削減率試算
[出典　2013年以降の対策・施策に関する報告書]

3.4.4 法制化と制度導入が急がれる温暖化防止の促進政策

低炭素社会を構築するうえで必要な技術革新やイノベーションを促進するためには，低炭素化に努力した者に対して努力に応じたリターンがあることが必要だ．それには温室効果ガス排出自体にコストがかかる経済基盤を構築し，公平なルールのもとに低炭素化を競う経済社会への転換が求められる．

しかし，必要な促進政策の法制化も制度導入もまた，基本法が未制定であるがゆえに制度化にも至っていないのが現状だ．急がれるのは低炭素社会構築のための経済基盤の整備である．以降で促進政策の課題を浮き彫りにしておきたい．

(1) 排出部門別の義務的目標設定

国が掲げる目標を達成するためには，それぞれの温室効果ガス排出主体に対して義務的な削減目標を設定し，それぞれに目標達成努力を促すことが必要だ．これによって公平な取組みを期待することができる．自主的な目標設定だけでは誠実な組織と不誠実な組織との間で不公平が生じる．目標設定に際しては，各部門の排出量の増加や削減余地に応じて設定することが望まれる．

しかしながら一方で，目標設定にはそれまでの取組みの強度や技術可能性の評価など困難な点も多い．業種によっては，オークションによる排出枠を自由に確保するということも考えられる．

(2) 排出量取引制度の導入

排出量取引制度とは，国や企業の温室効果ガス排出量の上限を決

めて余剰の枠と超過した枠を市場によって売買できるようにする制度である．廃案となった"地球温暖化対策基本法"では，国内排出量取引制度の創設をするものとし，必要な法制上の処置を基本法の施行後1年以内をめどに成案を得るとしていた．

2008年10月に"国内統合市場における排出量取引制度"の試行的実施が開始された．この制度の概要は，

① 自主参加
② 排出枠（削減目標）は自主行動計画に基づく自主設定
③ 自主削減目標は一定の要件で政府が審査する．

といったものであった．

2010年4月に当時の政府が行ったフォローアップの結果では，試行的実施は目標設定などの見直しを行い，引き続き実施することにはなった．しかしあくまで試行的なものであり，本格制度の基盤となるものではないとされている．

制度の目的は，取引市場において適切，かつ，妥当な"炭素価格"を決定し，民間投資を誘導することによって技術革新やインフラ革新，産業構造の変革を促すことであるはずだ．施行段階であり，やむをえないとはいえ，自主参加，自主削減目標設定など，実施可能な目標設定をベースとした制度であり，取引の必要性の少ない制度となってしまっていると言わざるをえない．

我が国も民間資金を誘導し低炭素社会構築のための技術革新やインフラ革新を促すための有効な制度として，意味ある試行を経つつ排出量取引制度の早期導入を図るべきである．

排出量取引制度の設計上のポイントとなる事項を次にあげる．

・絶対量による排出削減目標の設定

　義務的排出削減目標の設定は，排出量取引制度導入の大前提であるが，地球が求める排出削減は，活動量のいかんを問わず絶対量である．言い換えれば，組織の活動量の拡大があったとしても何らかの手段を講じて達成しなければならない絶対量の削減である．活動量当たりの排出量（原単位）目標設定では絶対量の削減は保証されない．

　企業においては，活動量の増加に対応したさらなる技術革新や経営革新，事業構造の変革が求められることになるが，安定した気候を含む地球資源の制約の中で活動せざるをえない我々にとって，それは克服すべき課題である．

・排出量目標設定へのオークションの利用

　グランドファザリング，ベンチマーキングなど，いくつかの目標設定の手法があるが，それぞれに業種間及び企業間の取組みを公平に評価することは困難である．

　したがって，これまで努力した企業及びこれから努力する企業の費用負担が緩和されるオークションの活用は，努力を反映するという意味で一つの有効な方法ではないだろうか．

・国際的な炭素リーケージの防止と資源循環の促進

　高い義務の削減目標を設定したことによって排出削減コスト，若しくは排出権購入コストの負担を課される国と，義務的目標を課されない国との間で国際間競争力の不公平さが生じ，産業の国際競争力を損ねることになってしまう．結果，高規制国における国産品から低規制国輸入への需要シフト，

すなわち輸入品代替や，逆に高規制国から低規制国への生産シフトなどが起こり，国内産業や雇用への負の影響を起こすと思われる．いわゆる炭素リーケージの可能性である．

炭素リーケージ対策の検討は，大きく二つの方向で国際的にも検討が進んでいる．輸入品に炭素コスト（排出削減コスト，排出枠購入コストなど）を上乗せする方法，あるいは特定の国内産業の炭素排出規制負担の軽減である．前者は低規制国からの輸入を抑える対策であり，後者は低規制国への生産シフトを抑える方法である．

いずれにせよ，WTO（World Trade Organization：世界貿易機関）規則との整合性をとる必要があろうが，地球規模での排出削減活動強化をもとにした低規制国への規制強化促進や，各国産業・企業の国際展開を実現させる国際間ルールの確立が求められている．

(3) 炭素税

炭素税は，税収入を削減政策の実施にあてることを目的とするのではなく，排出削減行動を経済的政策により促すことを目的とすべきである．すなわち，炭素税が賦課されることにより，需要者は，税負担が少なく使用エネルギーコストの低い製品・サービスの選択が可能となり，これによって低炭素な製品・サービスの供給者には売上・利益の増大をもたらすことになる．

炭素税制は供給者にも需要者にも努力したものが報われるインセンティブ税制とすべきである．そうすれば，需要者の温暖化防止意

欲も醸成され，また供給者間の低炭素化競争の促進にも大いにつながるはずだ．

したがって，炭素の排出量に応じて賦課するものとし，税率，税額の決定にあたっては，その需要者における選択意識を醸成し，供給者による削減活動を促すに足るものとすべきである．

3.5 2050年低炭素社会構築への道筋

我々が目標とする低炭素社会構築への道は，2011年の東日本大震災による原子力発電所の事故により，さらに厳しい道のりとなった．それは，低炭素社会構築の鍵がエネルギー需要の革新的な削減と供給エネルギーの革新的な低炭素化にあるからだ．

先般の原子力発電所の事故を契機に，従来，原子力発電主体にエネルギーの大幅な低炭素化やエネルギー安全保障，経済成長を図ろうとしていた我が国のエネルギー政策は，国民の安全・安心確保を踏まえて政策転換を迫られるようになった．しかしながら，今日まで，2050年の低炭素社会構築の目標と道筋が不透明であることも現実だ．政府はこれらの状況を踏まえ，地球温暖化対策基本法の法制化を急ぎ，エネルギー政策の見直しを図り，低炭素社会構築への道筋を示していかなければならない．なぜならば，我々が考えなければならないこの国の低炭素社会構築とは，実現可能性の問題ではなく，回避することのできない我々の子孫に受けわたすべき将来社会の構築をどう実現していくかであるからだ．

3.5.1 低炭素社会構築の基本的考え方

(1) エネルギーそのものは需要者が求めるニーズではない

エネルギー需要者（消費者）が求めているのは，問題を解決し，要望を満たしてくれる製品・サービスの機能，便益である．エネルギーは，そうした製品・サービスをつくり出したり，需要者が利用・活用時に機能を引き出したりするために必要な手段として存在する．

例えば"快適な室温の中で過ごしたい"のが消費者の要望であり，そのために必要なのは冷暖房機器であり，それを動かすために必要なものが電気エネルギーである．したがって，本来，需要者の満足度はエネルギーの量には比例しない．この構造を踏まえていかに低炭素社会を構築するかがテーマとなる．

(2) エネルギー需要の革新的な削減

省資源・省エネ大国としての実績をもつ我が国ではあるが，前述したカップリングからの脱皮にはさらなる革新的努力が求められる．エネルギーの大口需要者である産業・運輸・業務・家庭・公的機関の各部門における新しいビジネススタイル，ワークスタイル，ライフスタイル，コミュニティスタイルへの革新的構造改革を行い，資源・エネルギー高依存型の営みを変えていかなければならない．

これは，決して我慢と辛抱による変化ではなく，むしろ営みを変えることが満足度を維持向上させることにもなろう．

（3） エネルギー供給の革新的な低炭素化

供給側は可能な限り需要側で減らしたエネルギーを低炭素なエネルギー源に変えて供給していかなければならない．それには再生可能エネルギーの最大活用が望ましい．しかし現状では安定供給面やコスト面で再生可能エネルギーには問題があり，供給可能量の拡大にいまだ不安が残る．同様に安全性に問題のある原子力を含めた電源構成を安定性，安全性，経済性そして環境負荷の観点から中・長期的にどのように組み合わせていくかが大きな課題だ．

（4） 分散的双方向型エネルギー需給調整システムの構築

需要側の削減やエネルギー供給側の低炭素化によって起こる社会システムやエネルギーシステムの変革のためには，従来の電力事業者による"中央集権型エネルギー需給管理システム"から"分散的双方向型エネルギー需給調整システム"への移行が必要となる．

3.5.2 エネルギー需要側の省エネ革新を図る

2012年11月27日に国家戦略室がまとめたグリーン政策大綱，『低炭素社会のデザイン――ゼロ排出は可能か』（西岡秀三著，岩波書店，2011年発行）及び『低炭素経済への道』（諸富徹・浅岡美恵共著，岩波書店，2010年発行）を参考に，2050年におけるエネルギー需要側の姿をセクターごとに描き出してみる．

（1） 産業分野における排出削減

・産業構造の変革

　成熟期に入った現在，国内での道路や都市などへのインフラ投資は一巡し維持の時代に入った．こうしたインフラ投資に資材を提供してきたエネルギー多消費型産業は縮小傾向になろう．代わって，成熟社会ではモノだけでは得られないサービスへの要求が高まり，商業・金融・保険・運輸・通信・放送などの比較的，資源・エネルギーを使わない産業へのシフトが起こる．

・製造業の生産プロセスの資源・エネルギー効率の革新的向上

　特に，製鉄・石油化学・セメントなどのエネルギー多消費型産業において，短期的には石油・石炭から天然ガスへの燃料転換も必要であるが，中・長期的には革新的技術開発の促進が望まれる．今後も世界最高水準の省エネ技術水準を確保し，国際競争力の強化を図っていくとともに，技術・プラントを含めた海外需要を取り込んでいくことが大事だ．

・素材分野におけるリサイクルの促進

　世界規模で資源・エネルギーの不足する時代が到来している．我が国の国土には高度成長時代のインフラ構築で鉄鋼などの鉱物資源が大量に埋蔵されていると言われている．いわゆる"都市鉱山"に眠る資源の活用だ．独立行政法人 物質・材料研究機構（National Institute for Materials Science：NIMS）は，リチウム・白金などは世界需要の2～6年分を有すると試算している．さらに，リサイクルによる資源エネ

ルギーの削減効果も忘れてはならない.

・**工場におけるコジェネレーションの導入促進**

　　製造業における工業炉,ボイラー,モーターなどのエネルギー効率を向上させるとともに廃熱を活用するコジェネレーション (cogeneration：熱電併給,以下,"コジェネ"という) の導入により,工場の省エネ,ピークカットを促進することなどが中心的課題となろう.

これらによって,独立行政法人 国立環境研究所 (National Institute for Environmental Studies：NIES) では 2050 年で 1990 年比 25％削減可能と見ている.

(2) **業務部門・サービス部門における排出削減**

前述のように業務部門・サービス部門の排出量は増大の一途をたどっている.今後ますますサービス化が進むと予想される中で,特に心のゆとりある生活志向の高まりとともに,単位床面積当たりのエネルギー需要量の大きいホテル,レストラン,娯楽施設などの産業の拡大が予想され,当該分野でのエネルギー効率向上は必須の課題となる.

・**業務・サービスプロセスの簡略化**

　　ICT (Information and Communication Technology：情報通信技術) を駆使した BPR (Business Process Re-engineering：業務改革) によって資源・エネルギー生産性の向上が進む.ICT の導入にとどまらず,組織やワークフローの簡素化を実現し,エネルギーの削減や収益力の強化につ

なげることが大事だ．

・冷暖房負荷の極めて小さい高断熱建物への切替え

　熱エネルギーを外に逃さない断熱性の高い建物は一旦冷暖房機器で快適室温を確保できれば，外気の進入も遮断され冷暖房機器の常時使用を不要にできる．エネルギー使用の削減につながるだけではなく，機器類の簡素化も可能となる．

・建物内の電気機器，冷暖房機器，照明などの省エネ化

　2012年の資源エネルギー庁の"エネルギー白書"によれば建物内でのエネルギー使用量の内訳は，冷暖房：31.2％，照明：21.3％，コンピューターなどの電気機器：21.2％ で全体の4分の3を占めている．機器提供者による低炭素化が大いに望まれるゆえんだ．顧客の温暖化防止ニーズが今後さらに高まれば，エコ製品の開発・販売競争の激化は確実であり，企業の浮沈にかかわるテーマである．

・建物内エネルギー管理システム（BEMS）の導入

　上記の"BPR""高断熱建屋""エコ製品"の成果をより効率的に組み合わせて管理し，使用エネルギーの最小化を図るのがBEMS（Building Energy Management System）だ．これらが排出削減の中心的課題となろう．

これによって，NISEでは2050年で1990年比40％削減可能と見ている．

(3) 家庭部門における排出削減

業務部門と同様，基準年比の増加幅が大きい．今後，家庭部門に

おける排出削減を展開する方向性は，当然ながら我慢を強いる削減ではなく，快適性と両立する省エネ化だ．削減手段としては業務・サービス部門と同様に，

① 高断熱住宅の普及
② 省エネ機器の導入
③ 自家発電による自然エネルギーの活用
④ 家庭用エネルギー管理システム（HEMS：Home Energy Management System）の導入

などが中心的課題となろう．なお，参考までに上記②について，2012年の資源エネルギー庁"エネルギー白書"によれば，家庭内でのエネルギー使用量の内訳は，家電（照明，テレビ，冷蔵庫，パソコンなど）：34.8％，給湯：27.7％，冷暖房：29.7％，厨房：7.8％などで全体の90％強を占めている．

NISEではさらに世帯数の減少を加味すれば，2050年で1990年比50％以上の削減が可能と見ている．

（4） 旅客運輸部門における排出削減

運輸部門全体（旅客及び貨物）では，すでに2000年に入ってから排出量は頭打ちとなりその後は減少に転じている．基準年比で見ると6.7％増，全体の19.5％を占める．基準年からは貨物は減少したが，旅客は自家用車の需要増により増加している．しかし，今後は人口減少や若者の自動車離れなどによって増加が続くとは思われない．

・自動車の低燃費化

　エンジン効率の向上や軽量化などによる従来の自動車のさらなる燃費改善，及び蓄電池の研究・開発，充電器の普及，水素供給設備の整備などによる次世代電池自動車の普及促進が進む．

・移動距離の短縮

　国連によれば日本の都市化率は先進諸国に比べて約 66.8 ％と低い．住密度の高い都市化やコンパクトシティ化の促進により，移動距離の短縮化を図ることができる（図 3.5）．

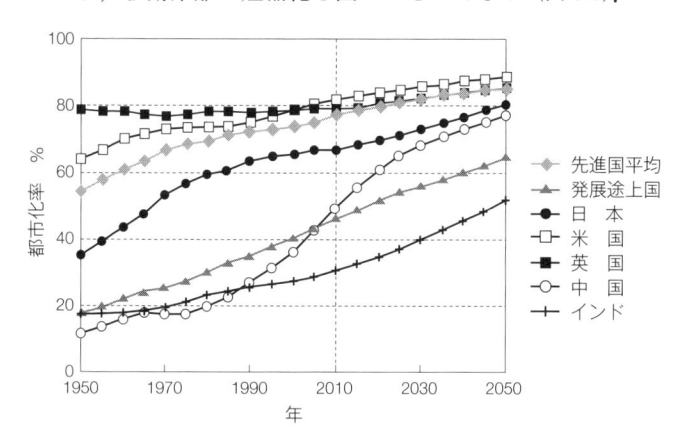

図 3.5　世界の都市化率推移
[出典　国連，World Urbanization Prospects 2011]

・交通手段の切替え

　いわゆるモーダルシフトの促進である．個人所有の自動車から 1 人当たりのエネルギー効率の高い公共交通機関利用へのシフトである．

・**交通流の省流化**

　　高度道路交通システム（ITS：Intelligent Transport Systems）の導入による交通流対策の促進などが中心的課題となろう．

これらによって 2050 年で NISE では 1990 年比 70〜80％の削減が可能と見ている．

(5) 貨物運輸部門における排出削減

サービス産業の伸びが高く小口輸送量が増えるが，各社の合理化により，走行距離削減努力のもとに総エネルギー需要は削減されている．今後の削減がさらに期待できよう．

① ICT を活用した需給の的確な把握と効率的な流通経路の探索を可能とするサプライチェーン管理システムの導入
② 流通網の高度管理による小口輸送と大口輸送の融合を通しての貨物輸送におけるさらなるモーダルシフトの促進
③ 輸送車の低炭素化の促進

などが中心的課題となろう．

これらにより，NISE では 2050 年で 1990 年比 50％の削減が可能と見ている．

3.5.3　エネルギー供給側の低炭素化革新を図る

削減された需要を満たすエネルギー供給側の低炭素化が求められる．その鍵を握るのが，第 1 に化石燃料発電（石油，石炭，天然ガスなどを使用）におけるさらなる低炭素化であり，第 2 に脱化

(1) 化石燃料発電の低炭素化

供給側の CO_2 排出量を削減するにあたり，再生可能エネルギーや原子力発電への転換は，経済性や安定性，安全性の面でさらなる技術開発を待たなければならない点も多く，短期に転換可能なものではない．中期的には，ある程度の化石燃料への依存はやむをえないであろう．しかし，化石燃料の使用にあたっては，特に温暖化防止の観点から化石燃料発電のさらなる低炭素化が求められる．

・石炭や石油から天然ガスへの転換

発熱当たりの CO_2 発生量の比率は，石炭・石油・天然ガスで5対4対3と言われている．仮に石炭を天然ガスに変えれば40％の削減につながることになる．また，石油は世界的に枯渇が予想されている．しかし，従来は採掘可能量や採掘コストの面からその転換は困難とされてきた天然ガスも，今日，シェールガス田の発見や採掘技術の進歩により，転換の可能性が増してきた．

・CO_2 の分離と隔離貯蔵（CCS 技術）

発電所や化学プラントから排出される大量の CO_2 を分離・吸収して，これを地中や海底などに埋めて隔離・貯蔵する．

IPCC の推定によれば，約2兆トンの CO_2 が物理的には貯蔵可能だとしている．世界の総排出量が年間約 300 ト

ンであるから相当な貯蔵可能性があることになる．

国際エネルギー機関の2008年の報告では，2050年に2005年比50％削減を達成するために必要な削減量のうち，約20％をCCSで達成可能と見ている．

(2) 脱化石燃料発電
・再生可能エネルギーの利用拡大

使用しても再び自然から供給される再生可能エネルギーは発電時にCO_2を排出しないエネルギーでもある．太陽光，風力，地熱，バイオマスなどが代表的なものである．

CO_2の排出量を直接排出方式（発電時の排出量を需要者に配分しない方式）で排出主体（セクター）別に見ると，全排出量の3分の1（33.5％）はエネルギー転換部門（発電所）であり，そのほとんどは化石燃料発電によるものである．したがって，有限であり，使用時にCO_2を排出する化石燃料から再生可能エネルギーへのシフトは欠かせない．

・エネルギー自給率の向上（エネルギー安全保障）

"エネルギー白書2012"によれば，現在，地熱・太陽光・廃棄物などの再生可能エネルギーは，我が国のエネルギーの2.3％を占めるにすぎない．既存の水力発電を含めても3.8％である．再生可能エネルギーへのシフトを加速し，資源の枯渇問題を抱える化石燃料は今世紀中には使用をゼロ化する必要がある．

また，我が国のエネルギー自給率は現在，再生可能エネル

ギー：2.3％，水力：1.5％，国産石油・天然ガス：0.9％と合計で約 4.8％にすぎない．原子力を加えても 19％で，80％以上を占める化石燃料のほとんどを海外からの輸入に頼っている状況だ．エネルギー安全保障（安定確保）や公益条件の改善などの観点からも，エネルギー自給率を高めておくことが必要だ．

これらの意味からも再生可能エネルギーへのシフトは避けられない．国際的にも高い技術をもつ我が国が得意とする分野でもあり，さらなる技術革新を起こして，我が国の経済成長や国際貢献に結びつける戦略的展開が必要である．

・再生可能エネルギーの課題

再生可能エネルギーは太陽光のように分散して薄く存在しているため消費地に近い"分散型発電システム"となる．また，気象の変化によってエネルギー供給量が変動する．特に太陽光，風力，波力などのエネルギーは，天候の変化により稼働率が安定せず，需要側への安定したエネルギー供給が難しくなる．さらに需要を上回る発電がなされた場合には，従来の電力系統を逆流し，配電系統の電圧上昇や周波数の乱れを起こしてしまう恐れがある．

・自律的なエネルギー需給調整システム

このような発電量が気象によって変動し，かつ，分散型発電となる再生可能エネルギーを安定的に効率的に需要側に供給するためには，従来のような電力需給を中央で監視し大規模発電所の発電量をコントロールする"中央集権的一方向

型"発電・送電システムでは難しくなる.

　　需要地の近くに分散して立地した発電所と周辺の需要者との間の受給調整をタイムリーに行う"分散的双方向型"ネットワークシステムに変える必要があると言われている.

こうした取組みを可能にするのが,ICTを中心に部材,機器,通信,情報処理,建設,都市開発などの多数の技術をフルに活用し,すり合わせて構築される新しい電力ネットワークシステムである.これはまさに我が国が得意とする新しい産業分野でもある.

3.5.4 求められる"エネルギー基本計画"の見直しと原子力発電の位置づけ

2011年3月11日に発生した東日本大震災による福島第一原子力発電所の事故は放射線の炉外拡散を招き,多くの避難者を出すに至った.2年を過ぎた現在でも汚染による瓦礫の処理は進まず,被災地域の復旧すら遅滞している状況である.それは想定外の巨大地震と津波とはいえ,それによるいわゆる"原発事故"は原子力発電そのものへの信頼を根底から揺るがすものとなり,原子力発電への信頼をもとにした我が国の"エネルギー基本計画"と原子力発電の位置づけの再検討が急務となった.

(1) 現行の"エネルギー基本計画"における原子力発電の位置づけ

2010年6月に閣議決定した現行の"エネルギー基本計画"は原子力依存度の拡大を基本とし,2030年までにエネルギー自給率の

大幅な拡大（約 18％を約 40％に）とともに，原子力発電を含むゼロエミッション電源比率の大幅な拡大（34％を約 70％に）を図ろうとするものであった．

参考までに，長期エネルギー需給見通し（2009 年）によれば，原子力発電比率は 49％，再生可能エネルギーなどは 20％で，そのために原子力発電所の新増設計画を，2030 年までに 14 基としていた．

このような原子力依存度の拡大は，安定確保が見込めるウラン資源を使用することから，準国産エネルギーとして見ることが可能で，エネルギー自給率の拡大につながることも期待された．

(2) "革新的エネルギー・環境戦略"における原子力発電の位置づけ

大震災後の 2012 年 9 月 14 日に開かれたエネルギー・環境会議において決定した"革新的エネルギー・環境戦略"は，基本方針として"原子力発電に依存しない社会の一日も早い実現""グリーンエネルギー革命の実現""エネルギーの安定供給"の三つの柱を掲げ"30 年代に原子力発電稼働ゼロ化"を目指すとした．

これが閣議で決定される予定であったが，国内外からの反論を受け，2012 年 9 月 19 日の閣議において閣議決定は見送られ今後のエネルギー・環境政策の検討にあたっての参考文書扱いとなった．その後，2012 年 11 月 14 日にエネルギー基本計画を見直すための総合資源エネルギー調査会が開かれたが，結局，新エネルギー基本計画及び原子力発電の位置づけの結論を出すことはできなかった．

問題は,我が国の将来を決める中核的エネルギー基本政策が決まらず,原子力発電の位置づけもさることながら"グリーンエネルギー革命の実現""エネルギーの安定供給"までもが宙に浮いたものになっていることだ.

(3) "エネルギー基本計画"に求められる原子力発電の位置づけ

本来は,中・長期的に我が国が目指す社会が何かしら描かれていてこそ,意味のあるエネルギー政策が描けるはずである.将来の我が国の姿で最も重要なことは,地球の温暖化防止と経済の成長・発展が両立できる社会の実現,すなわち化石燃料を主体としたエネルギー高依存型社会から,地球資源の制約の中で化石燃料に過度に依存せずに,個人や企業や社会が生き生きと営みができる低炭素社会への転換である.

前述したように,現在のような化石燃料主体の温室効果ガス排出量と経済成長をカップリングした社会からの脱皮(デカップリング)は決して容易なことではない.しかし,回避できない低炭素社会の実現のために,エネルギー需要の大幅な削減とともに,エネルギー供給側の大幅な低炭素化を,経済性やエネルギー安定確保,さらには原子力発電所事故によって我々が多くの犠牲者や被災者を出してまでも学ばされた安全性確保の視点から,その方策を見極めていかなければならない.

今後の低炭素,かつ,安定供給ができる,さらに加えれば経済活力を損なわないエネルギー又はエネルギー・ミックス(energy mix:電源構成)はどうあるべきかを考えれば,中期的にはコスト

や安定供給に難のある再生エネルギーが原子力発電の代替になるとは考えにくい．コストや安定電源，自給率の向上に利のある原子力発電をベース電源の一つと位置づけておく必要があろう．それには，原子力発電所事故の教訓を生かし，技術及び管理の両面からのきめ細かな十分な対応をとること，原子力規制委員会の新安全基準を厳守することが必須であることは言うまでもない．

また，いまだに解決策の立たない核燃料のサイクル利用や使用済み核燃料の廃棄処分方法についても，長期的視点に立てば安全面で見逃すわけにはいかない．米国やフランスなどとの国際間の共同開発による解決策の具体化も重要だ．

いずれにせよ，今世紀末にはウラン資源の枯渇が予想される原子力を再生可能エネルギーへと代えていくことは当然だが，安全性確保を大前提として，中期，さらには長期にわたっても，原子力発電をベース電源の一つとするエネルギー安定供給は，エネルギー安全保障や経済活力の維持向上，温暖化防止を支えるうえで必要であると考える．

(4) 脱原子力発電を急いだ場合の問題点

また，脱原子力発電を急いだ場合，次のような問題が指摘されていることも忘れてはならない．

第1に，短期的には原子力の代替となる化石燃料への依存度が高まることによって世界的に価格の暴騰を招きかねない．電力コストの増大により，企業経営をさらに圧迫するのみならず，経済や社会への影響は大きい．

第2に，再生可能エネルギーの普及速度にもよるが，これもまた社会的コスト負担増につながる．

第3に，国内的には原子力関連の技術者の減少が起こり，中期的な原子力発電所の維持，核燃料サイクル処理が行き詰まる恐れがある．

第4に"原発ゼロ"は（ドイツ，イタリアなどの一部の先進国を除き）原子力発電依存を高める国際社会の動きに対して逆行するものである．特に新興国や途上国は新設・増設方針を変えておらず，我が国の培ってきた原子力関連技術の停滞によってこれらの国々への建設や安定稼働，安全面での支援ができなくなり，世界規模での排出量拡大を招きかねない．

以上のことからも，超長期的には，原子力発電への依存度を減らしていくべきだが，中・長期的には，関連技術革新と規制及び管理強化によって原子力発電の安全性強化と確保を前提として，原子力発電をベース電源の一つとして位置づける必要がある．

第4章 産業界／企業の役割と取組み

4.1 産業界及び企業の課題

4.1.1 産業界の温室効果ガス削減活動の現状

3.1.1項で述べたように,環境省による我が国の2010年度の温室効果ガス排出量は,京都議定書で約束した基準年(1990年)比マイナス6%削減を,同議定書において我が国に許された森林吸収源対策と京都メカニズム(計5.4%)を活用することでほぼ達成できそうな見通しである.

しかし,今後求められるであろう高いハードルの長期目標(先進国は80%以上削減)や中期目標(先進国は25〜40%削減)の達成を視野に入れるならば,さらなる削減努力が避けられない.産業界として認識すべき課題として次のようなものがある.

第1は,3.1.3項で述べたように,産業部門の削減努力の成果は大であった(1990年比マイナス12.5%)が,リーマンショックにより景気後退した2009年実績に比べて8.7%増加している.原単位排出量(生産高当たりのCO_2排出量)を改善し,今後の経済成長による生産高増を吸収して高い削減目標を達成するには,さらに資源・エネルギー効率を高めなければならない.

第2は,近年業務・サービス部門の排出量の伸び率,排出量シ

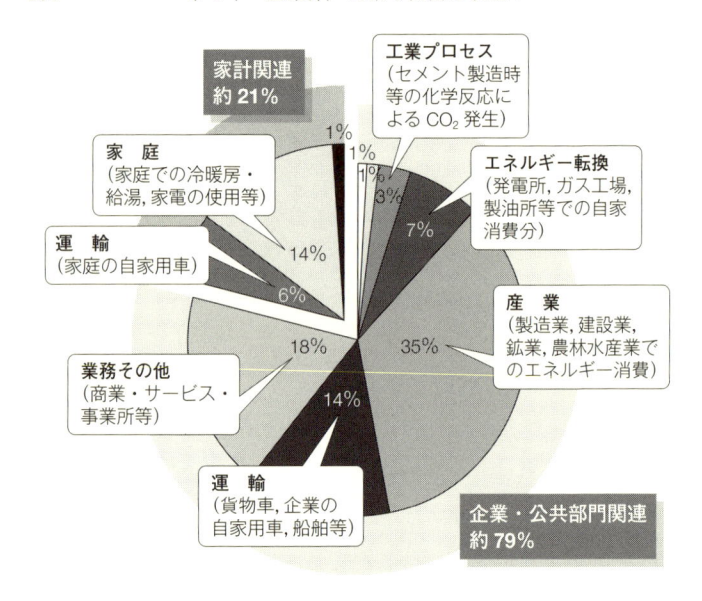

図 4.1 二酸化炭素排出量の部門別内訳

家計関連 約21%
- 家庭(家庭での冷暖房・給湯,家電の使用等) 14%
- 運輸(家庭の自家用車) 6%
- 1%

企業・公共部門関連 約79%
- 工業プロセス(セメント製造時等の化学反応による CO_2 発生) 3%
- エネルギー転換(発電所,ガス工場,製油所等での自家消費分) 7%
- 産業(製造業,建設業,鉱業,農林水産業でのエネルギー消費) 35%
- 運輸(貨物車,企業の自家用車,船舶等) 14%
- 業務その他(商業・サービス・事業所) 18%
- 1%, 1%

[出典 環境省資料 2010 (平成 22) 年度の温室効果ガス排出量 (確定値) について]

ェアがともに顕著に高まっている (図 4.1). 運輸を含めたこれらの部門の排出量は公共部門や企業の活動に伴う排出量であり,広い意味で産業部門の排出量である. そのように考えると広義の産業部門の排出量シェアはおよそ 80% となり,総排出量削減の重要な部門であることがわかる. また,残りの 20% を占める家計部門の排出量についても,家電製品や IT 機器,自家用車を企業が提供していることを考えると,削減の鍵を握るのはやはり産業界である.

第 3 は,今後の原子力発電の規制によって電源構成が短・中期的には火力発電に重きが置かれる. このことによって CO_2 排出量

の多い電源に変わることだ.

以上のことからも，産業部門は現状に甘んじることなくさらなる積極的な温室効果ガス削減への取組みが求められていることが理解できよう.

4.1.2 低炭素化は国際社会が求める明確な中・長期的ニーズ

温暖化防止は人類の生存を賭け，先進国・途上国が過去の責任論を乗り越え，将来世代に持続可能な社会を受け渡していくという共通の責任のもとに取り組まなければならない大きなテーマである.しかし，現実には，地球温暖化により氷河の後退・海水面上昇などが起きつつあるのは事実であるが，我々実社会での甚大な影響や被害が頻繁に起きているわけでもないことから，足元では低炭素社会構築を国際社会のニーズとしてまだ実感できないでいるのだ.

とはいえ，一部の国と地域では"グリーン成長戦略"のもとに資源生産性が高く，かつ，低炭素な経済社会システムの構築へ向けた取組みもすでに始まっている．また，次項で述べる低炭素製品やサービスのグローバル大競争も激しさを増し，企業は生き残りをかけて技術革新とイノベーション（ここでは単なる技術革新にとどまらず，企業の事業構造の変革やライフスタイルの変革などを含めたダイナミックな改革を指す）にもてる経営資源を集中投入する動きを加速させつつある．こうした様々な動きは，低炭素社会の構築が国際社会が求める中・長期の明確なニーズであることを示すものであろう.

振り返って，我々企業経営者の最大の役割は"企業の持続的な成長と発展"だ．そのために，これまでも常に経済や社会，技術動向を把握しながら将来を予測し成長分野を見極めて必要な経営資源を投入し，技術革新や事業構造の変革を進めてきたはずだ．したがって，今後さらなる大競争が繰り広げられるのが必至な分野だが，低炭素社会構築という，国際社会が求める明確な中・長期的ニーズを企業の有望な成長領域ととらえ，積極的な取組みを図っていくべきだ．

低炭素社会構築のためのイノベーション，すなわちエネルギー供給側としてのエネルギー転換のみならず，需要側としての技術革新や事業構造・産業構造の変革，さらにはワークスタイルやライフスタイルの変革，都市，交通インフラなどの変革への挑戦に対して躊躇する理由は見当たらない．

4.1.3　すでに始まっているグローバル大競争

我が国における中・長期の温室効果ガス削減目標を含む低炭素社会構築に必要な促進策や制度，規制などの環境整備はいまだに法制化されていない現状である．一方で各国政府の"グリーン成長戦略"の積極的推進や国際社会の低炭素化価値の高まりによって，グローバル市場での低炭素製品・システム・サービスの競争は一層の激しさを増している．企業は今まさに，生き残りをかけて技術革新，並びにイノベーションの大競争のまっただ中に身を置いているのである．この世界は，過去の実績を誇っているだけでは済まされない，さらなる技術革新やイノベーションが必要な競争世界である

ことは，我々自身が十分熟知しているはずだ．次にいくつかの分野の例をあげる．

(1) "省エネ"分野

旅客・貨物輸送分野におけるエネルギー需要の大半を占める自動車のハイブリッド化や電気自動車化，燃料電池車化，さらには小型軽量化などによる低炭素化競争が激化している．家庭及び業務分野においては高断熱住宅やビル，省エネ型家庭用・業務用機器（テレビ，冷蔵庫，エアコン，給湯器，PC・OA機器，照明ほか）で競争が激しい．また，エネルギー需要の高い鉄鋼業や化学工業，セメント産業では，水素還元技術開発を促進し生産プロセスにおける画期的低炭素化が進められている．

(2) "創エネ"分野

太陽光や風力発電などの再生可能エネルギー，エネルギー需要拡大が見込まれる途上国や新興国での原子力発電所の増設，化石燃料の低炭素化をねらうLNG (Liquefied Natural Gas：液化天然ガス)やメタンハイドレートの採掘といった，国をあげてのクリーンエネルギー開発・供給競争の激化などがある．

(3) "蓄エネ"分野

蓄電池の開発競争が激化している．蓄電池は次世代エネルギー・社会システムの構築や次世代自動車開発競争を勝ち抜いていくために不可欠な技術である．特に注目されるのは，再生可能エネルギーの導入拡大に伴う系統安定化対策用の蓄電池，家庭や工場でのエネルギーマネジメントを実現する需要側の定置用蓄電池，電気自動車やプラグイン・ハイブリッド車などの次世代自動車用蓄電池であ

る．

　2012年7月に日本政府が発表した"日本再生戦略"によれば，蓄電池の世界の市場規模は，現在の5.2兆円から2020年には20兆円に拡大するとされており，日本は現在18%の蓄電池市場の世界シェアを2020年に5割に拡大するとしている．

　一方，足もとでは外国企業の追い上げが激しい．携帯電話やノートパソコンで利用されるリチウムイオン電池については，2011年，韓国のサムスンSDIが世界シェアトップに立っている．また蓄電池を構成する正極材や負極材，セパレータ，電解液など，従来日本企業が圧倒的なシェアを有していた分野でも，同様に外国企業の追い上げが激しくなっている．

　以上は企業から提供される技術や製品の低炭素化競争の主なものだが，実際の低炭素化は消費者が製品を利用・活用する際に実現されるものである．その意味で実際の低炭素化実現のためには，消費者側における有効な利用・活用を支援するシステムやインフラの開発と導入が必要である．こうした分野もまたグローバル大競争となり始めた．例えば，旅客・貨物輸送分野における自動車の動力源インフラシステムの構築，あるいは家庭部門及び業務部門のHEMSやBEMSなどだ．

　省エネ・創エネ・蓄エネを統合するシステム分野の中核としてのスマートグリッドやスマートメーターなどを用いたエネルギー需給管理システム，原子力発電における発電所建設や原料確保，廃棄物処理，安全性確保や維持・メンテナンス，人材育成や資金支援など

の総合システムの開発などもまた官民総力でのグローバル大競争となっている. 必要な技術革新やイノベーションを起こしこのようなグローバル大競争に打ち勝っていかなければならない.

4.1.4 我が国の低炭素化関連技術の国際競争力

環境・低炭素化関連技術は我が国のお家芸とよく言われる. これまでにも述べてきたような, 太陽光発電や蓄電池などの個々の環境・エネルギー関連技術をはじめ, 次世代自動車, スマートグリッドや HEMS, BEMS などの社会インフラに関して我が国の技術優位性が言われて久しい.

しかしその一方で, 技術的には高い能力を擁しているはずの日本企業が, 環境関連技術力を武器に国際的に真に競争力を発揮しているのかということについては必ずしもそうとは言えないのが現状である. 実際に日本企業の環境技術, 低炭素化技術の実力は国際的にどの程度の水準なのであろうか.

環境省による調査"日本の環境技術産業の優位性と国際競争力に関する分析・評価及びグリーン・イノベーション政策に関する研究"の最終報告書では, 保有特許の分析による世界と我が国の環境技術の競争力比較が行われている.

その報告書によれば, 空調や自動車関連, 太陽光発電などの技術分野では, 日本企業の優位性が認められるものの, 日本が世界一の技術力をもつ環境技術分野は限定的である. 全体では米国, ドイツの国際競争力がほぼすべての分野において圧倒的に強く日本は3位との結果であった. また近年では韓国の国際競争力が急激に高ま

っており,CCS 技術分野や太陽光発電分野において米国,ドイツ,日本を猛追しているとの結果が出ている.

　個々の製品のシェア動向を見ても同じような状況である.太陽電池,リチウムイオン電池などで日本企業のシェアは近年軒並み低下(図 4.2)しており,中国・台湾企業が上位を占めるようになっている.

　つまり,日本企業の環境技術は確かに優れてはいるものの世界トップかといえば必ずしもそうではない.そればかりか近年,韓国や中国企業から激しく追い上げられ世界市場での存在感は低下しているという構図と言えよう.

　日本企業は早急に,高い環境技術力を生かして世界で勝ち抜くためのビジネスモデルを自ら開発し構築する必要がある.そのためには個々の製品の機能・性能・信頼性向上のための技術力の強化のみにこだわり続けるのではなく,顧客の真のニーズ(何のために製品・サービスを利用・活用するのか)を描き出し,個々のハードウェアやソフトウェア,システム技術を組み合わせて総合システムとしての製品・サービスを提供していく必要があろう.こうした新しいシステム製品・サービスの普及には従来とは違った新しいビジネスモデルやプロフィットモデルの開発が必要となってくる.

　また,大規模な社会基盤システムの提供ともなれば,ビジネスを展開する新興国・途上国での国民,あるいは企業への環境教育の支援などのソフトウェア分野を含めた包括的な活動展開を行い,我が国の環境ブランド強化を図っていくことも必要になってくる.このような視点で産官学が連携しオールジャパンでの環境マーケティン

4.1 産業界及び企業の課題

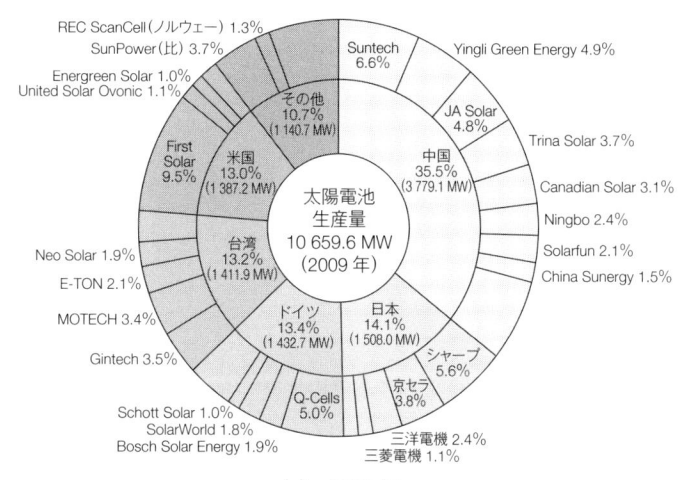

(a) 2009年

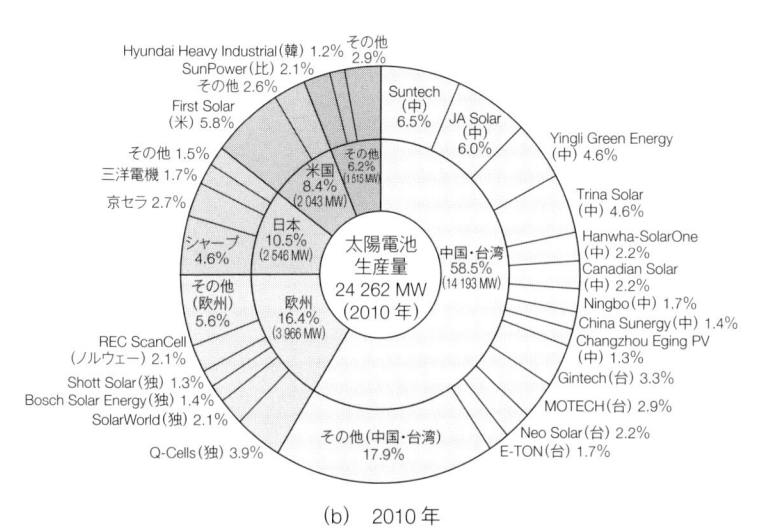

(b) 2010年

図 4.2 太陽電池生産量の国別シェア(2009年・2010年)
[出典 グラフ：経済産業省資料より]

グ・事業化活動を強化することが不可欠であり,したがって企業自身の事業枠を越えた連携努力もさることながら,日本政府にもそのような観点での政策展開が求められよう.

今後,不断のイノベーションによって我が国の強みである環境関連技術力を磨きつつ,普及促進のための新たなビジネスモデルを産官学の協働により構築することが,日本企業の得意分野におけるさらなる国際競争力強化につながっていくはずである.

4.1.5 政府規制に対する産業界の反発
(1) 温暖化防止における政府規制の意義

第3章を通じて述べたように,安定した気候を守るために我々は地球資源の制約の中で経済・社会活動を営んでいかなければならない.そのために政府は長期にわたって構築すべき低炭素社会の姿を示すことが基本だが,実現のためには有限な地球資源を守るという新しい価値観を醸成し,必要な変革を起こすための環境づくり,すなわち達成目標や,規制・制度といったルールを用意しなければならない.これは政府の大きな役割であり責任である.

主に,国及び各分野(セクター)ごとに達成すべき中・長期の義務的削減目標の設定,炭素価値を決定する排出権取引市場の開設,低炭素化努力者へのインセンティブとなる炭素税などの促進税制の導入,資金支援制度の創設などがあげられる.

これらの規制や制度は,民間の創意工夫を引き出し,民間資金によるイノベーションを加速させるためのものであることを認識しておく必要がある.

しかし,残念ながらこうした種々のイノベーションを誘引する政府規制の導入は他の先進国と比較しても,また一部の新興国にさえも今や遅れをとっているのが現状だ.

(2) 政府規制に対する産業界の反発

温暖化防止における政府規制の遅れの主たる原因としては政権基盤の脆弱性もあるが,産業界の一部からの強い反発があることもあげられよう.事実,産業界の受止め方は立場によって大きく異なっている.以下,政府規制に反対の立場をとる主な主張について見てみよう.

(a) "公平さを欠く義務的目標設定には反対"という主張

中期削減目標について,2008年6月,福田首相(当時)はセクター別積上げ方式によって2005年比14%削減(1990年比7%)が可能と表明した.

続く麻生首相(当時)のもとでは限界削減費用による国際的な公平性重視を旨とし,2005年比15%削減(1990年比8%)を可能と表明した.しかし,これらはCOP13と同時に開催されたMOP3(バリ会合)での"京都議定書特別作業部会"(AWG-KP:Ad hoc Working Group on Further Commitments for Annex I Parties under the Kyoto Protocol)で確認された先進国による野心的な目標とはかなり隔たりのある目標表明となった.

さらには,2009年の国連総会において,政権交代後の鳩山首相(当時)のもとでは,すべての主要国による公平,かつ,実効性ある国際枠組の構築と意欲的な目標の合意を前提条件として,1990

年比 25％削減という高い目標を表明した．しかしながら条文中に明確にこの削減目標値を示した地球温暖化対策基本法は，2012 年 11 月衆議院解散によって廃案となってしまった．

　その原因の一つは，産業界からの大きな反発にあると言わざるをえない．産業界の主張の要点は，我が国は 1960 年代からの高度成長期に資源・エネルギー小国として資源生産性向上に資する技術開発に努め，特に 1970 年代の石油危機以降は各産業分野においてその技術は世界一となり今日に至った．したがって今後のさらなる省エネ化や低炭素化は，他の国に比べて技術開発の余地が少ない，若しくはさらなる技術革新には多大な費用と時間を要するというものである．この考え方が，福田政権時のセクター別積上げ方式，麻生政権以降の限界削減費用方式による公平性を重視した削減目標の背景にある．

　しかし，果たして先進国と途上国との間，あるいは先進国どうしの間において各国が満足できる公平性を見出すことができるのだろうか？

　国際的な公平性の尺度としては，様々なものが示されている．

① 業種や業態などセクター別の原単位効率を基準にする方式
② 温室効果ガスを追加的に 1 トン削減するのに要する費用で比較する限界削減費用を基準にする方式
③ 人口当たりの排出量を基準にする方式
④ GDP 当たりの排出量を基準にする方式

などがあるが，各国・各地域の技術レベル，さらには経済規模や人口規模などによってもその尺度は異なってくるはずだ．

特に我が国が主張する限界削減費用をもとにした公平性は，現技術レベルを示すデータの収集可能性やその評価の妥当性・公平性，今後の技術革新の可能性などの判断次第で大きく変わってくることを考えれば，どれだけ説得力をもった公平性の尺度となるか疑問である．

一体公平性とは何なのか大いに考えさせられる．一般論として，ある基準のもとに公平性を見出したとしても，半数は満足し半数は不満足となり，新たな問題へと展開される．皆が満足する公平性は世の中に存在するのだろうか．

さらに，公平性が担保されたとして果たして競争優位も担保されるのだろうか．我が国の今日までの技術優位性はむしろ不公平さの克服が原点にあったからではないだろうか．第二次世界大戦の焼け野原というハンディキャップを克服し，世界第2位の経済大国に至ったのもオイルショック後に資源小国というハンディキャップを克服し，世界一の省エネ技術立国になったのも不公平さを乗り越えるための技術革新やイノベーションによって実現したのではないのか．

前述のように地球資源の制約のもとで構築しなければならない低炭素社会に向けて技術革新とイノベーションを起こし，グローバル市場で始まっている低炭素化競争に打ち勝っていかなければならない．大事なことは，現在における競争力維持もさることながら，将来における競争力強化にある．厳密な公平・不公平論を主張してはいられない厳しい現実的問題に直面しているのだ．くどいようだが，地球が求める削減は原単位効率ではなく絶対値であるように，

競争優位の確保に必要なこともまた技術力などの絶対値であることを我々は忘れてはならない．したがって，国家目標としては柔軟な公平性維持方針のもとに，先進国としての責任ある高い目標設定を堅持することが必要だと強く思う．

(b) "実現可能性のない高い義務的目標設定には反対"という主張

実現性の見込みのない目標を定め，限りある経営資源を集中的に投入することはできないことは確かだ．しかし，人類の生存にもかかわる避けては通れない温暖化防止は，前述したように，地球資源の制約の中での経済社会活動の営みが不可避である．我々の責務は，（温暖化防止に必要な）責任ある削減目標を立て，実現を可能とする方法・手段を搾り出すことにある．容易に達成可能な目標を設定することで済むものではない．

理念的と言われればそれまでである．しかし，我々が目標とする低炭素社会構築が理念的だとしても，それが回避できない理念である以上，我々が議論すべきことは"何ができるか"でなく"何をなすべきか"である．

責任ある高い削減目標の達成には，第3章でも述べたように，GDPの増大，若しくは質の向上と排出量が連動しない（デカップリング）低炭素社会の構築が必要となる．これは容易なことではないが，低炭素社会の実現可能性については，直近の政府委員会や政府系研究機関において専門家や識者による検討がなされているので，紹介しておきたい．

4.1 産業界及び企業の課題

2009年の総合資源エネルギー調査会"長期エネルギー需給見通し"では，2020年に2005年比15％削減（1990年比8％）という麻生首相が示した中期目標を受けて，目標達成に必要な対策の基礎資料として作成された．温室効果ガス対策として，産業分野ではエネルギー多消費型産業を中心に世界最先端の省エネ技術の導入，運輸部門では自動車燃費の大幅改善・次世代自動車の普及，家庭部門では太陽光発電の大幅普及（2005年の約20倍），最先端省エネを有する家電，OA機器の普及が必要とされている．

一方，経済の影響ではこのような対策の追加費用が発生することで，2020年で実質GDPに約0.6％の押下げ要因となるとしている．なお，この場合は温暖化対策を最大限に導入したケースを想定している．2020年までに1990年比25％削減の場合，実質GDP約3.2％の押下げ要因となるとしている．

また，2010年に中央環境審議会地球環境部会によって公表された"中・長期の温室効果ガス削減目標を実現するための対策・施策の具体的な姿（中・長期ロードマップ）"では，中期目標（2020年までに1990年比25％削減）及び長期目標（2050年までに1990年比80％）達成の可能性が皆無ではないことが示された．

これらはあくまでも政府が2012年9月14日にまとめた，2030年に"原発稼働ゼロ"を明記した"革新的エネルギー・環境戦略"以前のエネルギー基本計画や温暖化対策に準拠したものだが，原子力発電所の稼働を現状どおりとすれば，それぞれに実現性が皆無ではないことを示している．その意味でも，あらためて超長期的には"脱原発"とするとしても，中期的には少なくともベース電源の一

つとして原子力発電を位置づけておくことは重要である．

(c) "過度な国民負担を強いる義務的目標設定には反対"という主張

麻生首相（当時）のもとで組織された"中期目標検討委員会"による選択肢のパブリックコメント募集時（2009年3月）には，産業界から高い削減目標の選択に対して反対の意見が出された．それは，年間何十万円もの負担に国民は耐えられるかとの問いかけであった．国民の覚悟が必要なことは重要である．その意味で，国民への問いかけは妥当だと思うが，次の点で疑問をもつ．

① まず，産業構造の変革（サービス化）やエネルギー多消費型産業の低炭素化努力などによる生活者の負担低減が反映されていない．

② 次に，家庭部門や生活者として低炭素機器への切替え費用負担のみを提示し，それら機器によるエネルギー節約がもたらすエネルギー費用の削減効果が反映されていないことがあげられる．

③ さらに，このままエネルギー多消費型経済・社会を温存するならば長期的には温暖化適応費用が膨大になり，短期的費用の増加どころではなくなることを説明していない．足もとの短期的な負担のみを提示していることに大きな違和感をもたざるをえない．

これらの反対意見を支持する企業人が一部であることを願いたい．

(d)　"義務的目標設定を条件とする排出量取引制度の導入（キャップ・アンド・トレード）に対する反対"という主張

そもそも，排出量取引制度は，資源・エネルギー依存型社会から低炭素社会への大転換を図るために，炭素を公正なルールのもとに市場で取引し炭素価値を醸成し低炭素化を競い合う経済社会システムを構築しようとするものである．

企業にとって常に将来への革新的，かつ，大規模な投資は不可欠であるとはいえ，長期であればあるほどリスクが高くなり，投資決断に悩むところだ．2005年，EU域内の温室効果ガス削減を進めるために導入された，世界初の温室効果ガス排出にかかわる国際的な取引システムであるEU-ETSがスタートした．通常のモノや貨幣などと同様に，今後，炭素価値が適切に形成され市場ができれば，低炭素関連技術開発や製品・サービス開発投資などは合理的な判断が可能となるに違いない．また，開発成果としての温室効果ガスを市場で売買することが可能になれば，新たなビジネスチャンスが生まれることになる．

一方でEUでは，段階を踏んで投資判断に値する炭素価値の形成を可能とする取引市場の試行を重ねているが，問題・課題もあることからさらなる改善が進められている．

現在，産業界が危惧する点をあげれば，まずはEU-ETSが採用しているキャップ・アンド・トレードによる高い義務的削減量（排出枠）がいかに設定されるかにある．これについては，すでに第3章で指摘してきた．

次に，排出量取引の目的である長期投資判断に適う適正，かつ，

安定した炭素価格が形成されることが必須であるが，義務的排出枠をもたない金融機関や投機筋などの取引市場への参加，特に投機筋の参加によって価格の必要以上の暴騰・暴落を起こす危険性が懸念されている．ただし，EU-ETSについては現在のところ，そうした投機的な動きは起きていない．確かに，第1フェーズ及び第2フェーズの終了時期に大幅に暴落しているが，その原因は甘すぎる排出枠の割当てのためであった．

EU域内の温室効果ガスは景気後退も一つの要因であるが，主要な国での再生エネルギーの大規模な導入政策と産業界の努力によって削減が進み，炭素クレジット（carbon credit：先進国の間で取引可能な温室効果ガスの排出削減量証明）の需要がほとんどなくなったことが要因である．我が国でも適正，かつ，安定した炭素価格の実現のために，国内排出量取引の意味のある試行を重ねていくことが必要だ．

また，安易な取引市場活用による技術革新の停滞・後退を危惧する声も聞かれるが果たしてそうだろうか．自己の排出枠達成のために取引市場から排出枠を購入するか，自己の技術革新に投資するか否かは企業の判断だが，それは取引市場によって決まる炭素価格に基づいて購入するか自己開発するかを判断できるのだ．企業は限られた資金を炭素価格を評価基準にして重要な低炭素技術開発へ向けて集中投入することが可能となる．

4.2 産業界の役割と責任

繰り返しになるが,グローバルレベルでの地球温暖化防止の次期枠組が定まらないまま,地球は温暖化への道をゆっくりと確実に進み,その被害は少なからず出始めている.低炭素社会への転換は,容易なことではないが,我々人類の存在や豊かな生活は地球資源(鉱物,生物,大気,水,大地,安定した気候など)の制約の中でしか営めないという認識のもとに,今こそ我々は従来の既成概念を打ち破って大変革を起こさなければならない.

以降に,低炭素社会構築を目指すうえで,我々企業が果たさなければならない役割と責任について述べる.

4.2.1 地球の住民としての責任をもつ

まずは企業人である前に,我々は地域の住民として生産活動や消費活動を通して地球の再生能力を超える温室効果ガスの排出をしてきてしまった事実を今一度強く認識することが必要であろう.

地球温暖化問題は,前述したように,生産者が加害者であり消費者が被害者であるという構図ではない.生産者も消費者もすなわち加害者であり被害者なのだ.言い換えれば,地球の住民が皆,加害者であり被害者なのだ.したがって,我々は地球の住民として自分自身が加害者であると同時に被害者でもあるという現実を十分認識し,責任をもって地球温暖化防止にあたらなければならない.

4.2.2　産業界は低炭素社会構築の牽引役

本章の冒頭でも述べたが，我が国のエネルギー起源の CO_2 排出量の部門別（主体別）構成を間接排出量で見てみると，広義の産業部門とされる企業・公共部門関連が排出量のおよそ 80％を占めている．残りが家計関連で 20％となるが，家計部門が利用・活用する製品を企業が提供していることを考えれば，総排出量の 90％近くに産業界がかかわっていることになる．

企業が積極的に低炭素社会構築の牽引役とならなければならないことは言うまでもない．

4.2.3　企業が取り組むべき三つの活動分野

我々企業は低炭素社会構築の牽引役として自らがエネルギー需要者（又は消費者）としてのみ温室効果ガス削減活動を展開するだけでは済まない．他のエネルギー需要者に対しての製品・サービスの提供者として，需要者における温室効果ガス削減促進を支援する大きな責任をも負っている．さらには，事業の枠を越え，他の企業や団体，政府・行政とも連携して，新たな低炭素社会構築にも寄与する責任をもっている．

（1）　自社における，省エネ・省資源型事業活動の展開

現在のところ，当分野が企業に課せられる削減目標の対象分野であり排出量実績の対象である．求められるのは原材料生産・製品開発・調達・生産・輸送・販売・保守・サービスなど，一連のサプライチェーン全体だが，あくまでも自社の事業活動における温室効果

ガス排出の削減である．

　企業によってはサプライチェーンの一部でしか自社事業活動が行われていないことも多い．一企業が省エネ・省資源型事業活動を目的とし社外調達・社外委託・海外移転を増やし排出量の削減を図ることは可能である．しかし，多くの企業は，収益性や競争力強化の観点から，鍵を握る機能を単に低炭素化を目的に他社委託・海外移転を行うことはできない．むしろサプライチェーン全体で温室効果ガスの排出削減に取り組んでいる．例えば，製品開発部門における，開発期間の短縮，試作台数の削減，部品点数の削減，共通部品化，リサイクル可能部材の採用などである．

　部品調達部門においては供給企業に対するグリーン調達の強化，供給企業との部品・材料の共同開発など，生産部門では省エネ設備・装置の導入，歩留まり向上，廃棄部材の削減，加工・組立工数の削減などだ．

　さらに，輸送部門においては輸送手段の省エネ化，移動距離の短縮，動脈・静脈混合輸送など，販売・サービス部門においては，IT活用による業務効率の向上などがあろう．

　また，業務部門においてはIT活用による情報処理の簡素化，組織の簡素化などに取り組んでいる．企業活動全体に共通な活動としても，高断熱建物への切替え，エネルギー消費量の高い照明，冷暖房，給湯の使用制限や設備の省エネ化，コジェネ活用などの活動のさらなる促進が図られている．

(2) 顧客への省エネ・省資源型製品・サービスの開発・提供

現在のところ，企業の削減目標の対象とはされていないが，資源・エネルギー需要側での温室効果ガス排出量を左右する製品・サービスの提供者である企業としての責任は大きい．

参考までに，リコーグループの事業活動におけるライフサイクルでのCO_2排出量（企業の事業活動や製品に関して，資源の採取から製造，使用，廃棄，輸送などすべての段階を通して排出されるCO_2の質量，図4.3）をステージ別に見てみると，顧客による製品使用時の排出量が約50%を占め，開発・生産者である当社の事業活動全体での排出量はわずか15%ほどである．顧客に対してそれほどに大きい企業の影響度である．

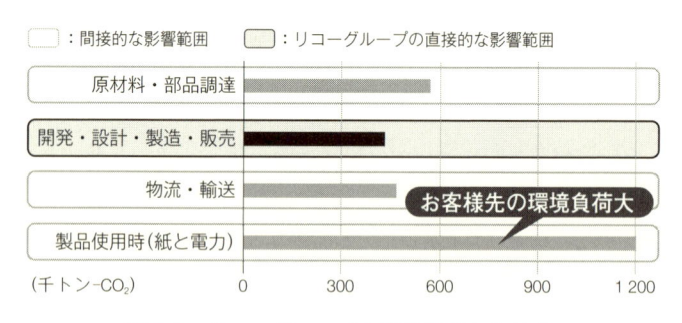

図4.3 リコーグループの事業活動におけるライフサイクルでのCO_2排出量

他の製造業においても，自動車やテレビ，冷暖房機器・冷蔵冷凍機器などの家電製品も同様に，使用する消費者側での温室効果ガス排出量が圧倒的に多いことだ．我が国における温室効果ガス排出量の家庭部門や業務部門，旅客運輸部門の伸びが著しいが，それら部

門の低炭素化には，我々企業の提供する製品・サービスが大きくかかわっている．また，資源・エネルギーコストとして，顧客自身の経済的負担にもつながっている．

したがって，顧客の厳しくなりつつある選択基準のもとに，製品・サービスにおけるグローバル規模での環境負荷低減大競争がすでに始まっていることも忘れてはならない．

まさに，企業自身の事業活動における排出量削減も重要であるが，製品・サービスの省エネ化もまた，企業の浮沈にかかわる重要課題なのである．

(3) 自社の現事業枠を越えた新たな低炭素社会基盤づくりへの参画

低炭素社会構築を目指すことは，新たな低炭素社会基盤づくりでもある．積極的に参加する企業にとっては産業や事業の構造を大きく変える可能性がある．我々企業自身も，既存のコア事業における低炭素化だけでは，今後低炭素化へと変化する市場と社会に追いつけず取り残される恐れがある．

それはまた，一方では市場や社会の変化を先取りし，持続的成長と発展を可能にする事業構造の変革へのチャンスでもある．過去には，デジタル・ネットワーク時代の到来を見据え，もてる技術をもとに情報化社会インフラ構築への参画を通して大きく事業構造を変え，さらなる成長を成し遂げた企業は多い．

低炭素社会基盤の構築を目指した産官学連携のプロジェクトも，原子力発電，再生可能エネルギーシステム，エネルギー総合管理シ

ステム,交通システム,都市計画,スマートシティ・コンパクトシティ計画など数多く計画され盛んになった.

ここでは,複数の異なる企業と大学や自治体が連携し合うことで,新しい低炭素化にかかわる事業を創造することを目的とした二つの取組みを紹介したい.

(a) 柏の葉キャンパスシティプロジェクト

一つ目は,三井不動産株式会社が中心となって"環境共生"をはじめ"健康長寿""新産業創造"の三つのビジョンを掲げ,千葉県柏市で展開している"柏の葉キャンパスシティプロジェクト"[柏市・千葉県・東京大学・三井不動産株式会社が行っている柏の葉キャンパスシティ(千葉県柏市)の街づくりプロジェクト]である.

同社のほか,シャープ株式会社,日本ヒューレット・パッカード株式会社,SAPジャパン株式会社,東京ガス株式会社,日本電信電話株式会社など,名だたるグローバル企業23社(2013年2月現在)が参加したジョイントプロジェクトによって,全世界に展開できる新しいスマートシティビジネスを創出することを目的として様々な試みが進められている.

地域の緑化推進や地域コミュニティづくりを手始めに,エネルギーを一元管理するシステム(エリア・エネルギー・マネジメントシステム)や太陽光・地熱・温泉熱といった再生エネルギー活用などによる防災機能も備えた自立的低炭素型街づくりの実証実験が,柏の葉キャンパスシティを舞台に行われている.

(b) 北九州スマートコミュニティ創造事業

二つ目は,福岡県北九州市八幡東区で実施されている"北九州ス

マートコミュニティ創造事業"である．これは政府（経済産業省資源エネルギー庁）の新成長戦略に位置づけられる日本型スマートグリッドの構築と海外展開を実現するための取組みの一つで2010年に次世代エネルギー・社会システム実証地域の一つとして選定された．新日鐵住金株式会社，日本アイ・ビー・エム株式会社，富士電機株式会社，株式会社安川電機などの企業が参加している．

特に，新日鐵住金株式会社が所有する天然ガス発電所（東田コジェネ）と自営送電線による電力供給によって，地域節電所と呼ばれるCEMS（Community Energy Management System：地域エネルギーマネジメントシステム）を核として，広域にデマンドレスポンス（需要応答）を実証実験することが可能となっていることが特徴である．

2012年夏季には我が国初の本格的なダイナミックプライシング（電力料金を変動させることで節電を促す制度）の実験が行われたほか，さらに多数の企業が参加する業務用ビル・コンビニエンスストア・量販店などの店舗を対象としたエネルギー管理実証事業も決定しているという．

最終的には我が国はもとより，外国への事業展開も目指した企業連携のプロジェクト型ビジネスである．

4.3 求められる企業の積極的な取組み

4.3.1 責任ある高い自己目標の設定

気温上昇を2℃ないしは3℃以内に抑えるためには，全世界の共

通にして差異ある責任のもとに，今後 10〜15 年程度での排出量のピークアウトと 2050 年までに世界の総排出量半減が必須であることは，すでに国際社会でも認識されている．そのために，先進国全体では 2020 年までに 25〜40％，2050 年までに 80％以上の削減が必要であるとされている．もちろん，各国の削減量は政府が COP での議論によって定めることだが，産業界も先進国の構成員として，また我が国の低炭素社会構築の牽引役として，責任をもって我が国の削減目標設定を支援していかなければならない．

そのためには，我々自らが責任ある高い自己目標を設定し，世界トップレベルの技術開発やイノベーションを起こす積極的な取組みが必要だ．こうあってこそ，国と企業が一体となって，すでに始まっているグローバルエコ大競争を勝ち抜き，目指すべき世界トップレベルの低炭素社会構築への道を開くことができると固く信じてやまない．

4.3.2 自ら必要なイノベーションを起こす

イノベーションなくして，従来型のエネルギー高依存型経済社会から地球資源の制約の中で営む経済社会への転換を図ることはできない．すなわち，産業部門や業務部門，家庭部門，運輸部門などのエネルギー需要側における産業構造変革や業務革新，ワークスタイルの変革，住宅改築，ライフスタイルの変革，さらにはクリーンカーへの切替えやモーダルシフト，新しい都市や地方・地域のあり方であるスマートシティ及びスマートコミュニティへの転換などの変革を強力に図っていくことだ．

4.3 求められる企業の積極的な取組み

一方,エネルギー供給側においても,再生可能エネルギーへの転換や分散型発電の普及と双方向型エネルギーコントロールシステムの構築など,低炭素化社会構築に向けた変革を起こしていかなければならない.

これらは,産業界や企業だけでは成し遂げられないものが多いが,グローバル大競争を生き抜いてきた企業や産業界が変革の起点となり,先導役となって低炭素社会構築へのリーダーシップを発揮していかなければならない.

我々企業は企業の浮沈を賭けた顧客市場での大競争の経験から,何がイノベーションを誘引する要因であるかを熟知している.ここで『イノベーション・マネジメント入門』(一橋大学 イノベーション研究センター編,日本経済新聞社,2001)を参考にしたい.

レポートによればイノベーションの誘因として"技術圧力型"と"市場牽引型"の二つに分類している.さらにイノベーションを誘引する要因として,

① 科学的発見や技術の進歩
② 人口構成や所得水準の上昇などの市場の変化(注 私はこれを市場に変化を及ぼす"社会的環境の変化"と認識)
③ 投入要素市場たる労働・設備・原材料などの供給状況の変化
④ 政府による規制

といった内容に分類し①は"技術圧力型"とし,②,③,④に類する要因を"市場牽引型"としている.

さらに経営者として"⑤ 顧客市場での競争の激化"もあげてお

きたい.

誘引要素ごとにイノベーション事例をあげてみよう.

① **科学的発見や技術の進歩**（いわゆる**科学技術による社会の変革**）では情報通信技術の革新を背景とした場所を選ばないコミュニケーションの広がりや通信・放送の融合，あるいは携帯情報端末の進化と普及，青色 LED（Light-Emitting Diode：発光ダイオード）の開発によって表示や照明の可能性の拡大，直近では iPS 細胞（Induced Pluripotent Stem Cell：人工多能性幹細胞）応用技術の進展により，再生医療の可能性の開花などがあげられる．

② **社会的環境の変化**でのイノベーションの誘引事例については枚挙にいとまがない．主なものだけでも地球温暖化問題による消費者の高まりを背景とした様々な分野での環境関連技術の開発やコストダウンの加速をはじめ，深刻な水資源不足による逆浸透膜などの造水技術開発の進展，所得や人口動態の変化に伴う消費動向に対応した流通形態やサービスの変革など，日本企業がイノベーションを誘引した事例が非常に多い．

③ **投入要素市場の変化**でも，企業によるイノベーションが加速している．エネルギー価格の高騰に伴う資源・エネルギー生産性向上のためのサプライチェーン革新，同じく掘削技術開発によるシェールガス革命，人件費高騰に対する工業用ロボットの進化，少子高齢化に対する医療・介護ロボットの開発，レアアースの調達危機に備えた代替材料の開発などが顕

著だ.

④ **政府の規制**によるイノベーションも古くは米国で発効された大気汚染防止法（通称，マスキー法）に対応して，1972年，本田技研工業株式会社が開発した画期的低公害CVCC（Compound Vortex Controlled Combustion：複合渦流調速燃焼方式）エンジンをはじめとして，CO_2排出規制強化に対応した様々な方式による低炭素エンジンの開発とその実用化などがあげられる.

⑤ **顧客市場での競争の激化**については多くの技術革新や経営革新を引き起こし，顧客のライフスタイルの変革や企業の事業構造の変革，そして産業構造の変革も誘引している．市場経済に身を置く企業であれば，ことさらここで具体的事例を記すまでもないであろう．

こうした要因は技術革新を引き起こす起点となり，その効用が社会に浸透して初めて産業構造の変革やライフスタイルの変革，資源・エネルギー革命などのイノベーションが実現されるということである．また，実際のイノベーションは複数の要因が相互に関連・作用しながら実現されていくことも多い．

本論に戻ろう．イノベーションの誘引要素までもち出して述べる必要もないが，低炭素社会構築はまさにイノベーションが必要な"大きな社会的構造改革"であり，それは"生産要素としての材料などの供給状況の大きな変化""顧客市場での競争激化"，さらに，今後強化されるであろう低炭素化促進政策の"政府の規制や制度の変化"などの誘引要素によって引き起こされる社会的構造改革である．

では,技術革新はイノベーションを誘引する要素の一つであるが,他の誘引要素によって起こすべきイノベーションには手段として技術革新が必要となるのだろうか? 必ずしもそうとは言えない.膨大な投資による先端技術開発もさることながら,既存技術の組合せにより新たな効用や社会的価値を生み出すイノベーションを起こすことも可能である.

我が国が誇る新幹線システムは,当初は未経験の新技術を使わないとの方針のもとで開発されたと聞いている.また,近年のIT革命のその多くは既存技術の組合せによるところが多く,人々のライフスタイルやワークスタイルの変革を起こしているのも事実である.

したがって,容易ではない低炭素社会構築にあたっては革新的技術開発と既存技術の改良,そしてその組合せをいかに行っていくかも大事なテーマとなっていくだろう.

4.3.3 低炭素関連技術の体系と従来型技術との違い

このようなイノベーションを起こす個々の技術開発や革新課題についてはすでに多くの機関やグループによって検討し尽くされており,いまさら専門家でない者が言及する必要はないと思うので割愛する.

ここでは,必要となる技術の抽出や重点化を効率的,かつ,効果的に進めるうえで必要な低炭素関連技術の目的による体系化と,開発における従来技術との違いを茅陽一氏と西岡秀三氏らの考え方を参考に紹介したい.

> 茅　陽一　公益財団法人 地球環境産業技術研究機構（RITE）理事長（2013年8月現在）．東京大学名誉教授．エネルギー資源学会会長，政府の総合資源エネルギー調査会会長などを歴任する．
>
> 西岡秀三　公益財団法人 地球環境戦略研究機関（IGES）研究顧問・低炭素アジア研究ネットワーク事務局長（2013年8月現在）．国立環境研理事，東京工業大学教授，慶應義塾大学教授を歴任．2011年からの中央環境審議会地球環境部会"2013年以降の対策・施策に関する小委員会"委員長としてこの研究成果の取りまとめを行った．

(1) 低炭素関連技術の体系

温室効果ガス排出量削減の中核をなすのはやはりエネルギーシステムである．したがって，低炭素関連技術はエネルギー供給システムのみならず，サービスを享受するためにエネルギーを使用する需要側やエネルギーを利用している"社会"の構造までを含めた広い範囲で考える必要がある．

エネルギー利用によって生まれる付加価値はエネルギーの需要側の活動によって生まれる．そのため，供給側でエネルギーの低炭素化を図る一方，少ないエネルギーで多くの付加価値を得られるようにするためには都市・交通インフラや生活・ビジネスの場など，エネルギー需要側をも含めた広範囲なエネルギーシステム全体に目を向けなければならない．

茅氏の"恒等式"に基づき，付加価値とエネルギーとの関連で行った低炭素関連技術の体系化を紹介したい（図4.4）．これは，エネ

ルギーの使用者の満足度を減ずることなく、サービスの削減やエネルギーを削減する技術を体系化したものである．

図 4.4 の①〜③がエネルギー需要側の技術であり、④,⑤がエネルギー供給側の技術である．

さらに、技術体系の項目を分解式で示したものが"茅恒等式"と呼ばれるものである（図 4.5）．それぞれの分数は技術分野を示すとともに、技術が目指す方向性を示したものだ．資源制約のある中で

■各技術は分解式の要素に応じて分類・整理
低炭素関連技術の分類

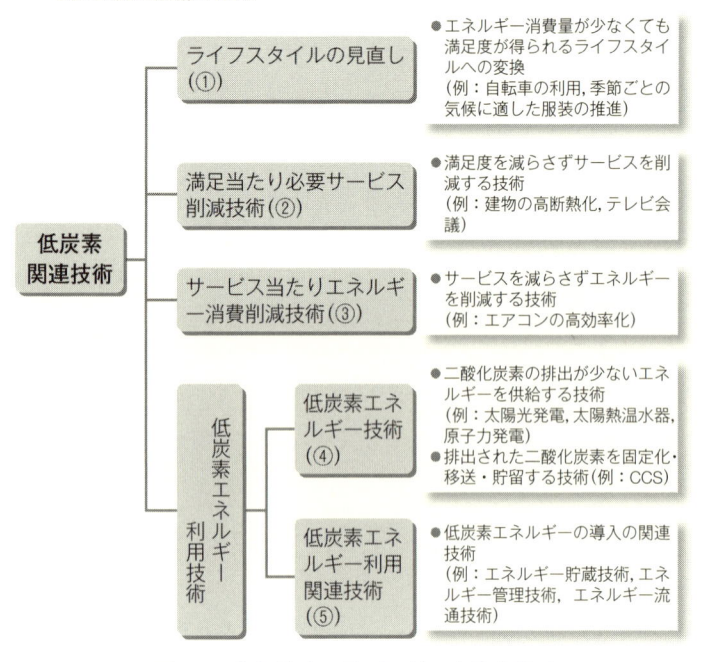

低炭素関連技術
- ライフスタイルの見直し（①）
  - エネルギー消費量が少なくても満足度が得られるライフスタイルへの変換
    （例：自転車の利用，季節ごとの気候に適した服装の推進）
- 満足当たり必要サービス削減技術（②）
  - 満足度を減らさずサービスを削減する技術
    （例：建物の高断熱化，テレビ会議）
- サービス当たりエネルギー消費削減技術（③）
  - サービスを減らさずエネルギーを削減する技術
    （例：エアコンの高効率化）
- 低炭素エネルギー利用技術
  - 低炭素エネルギー技術（④）
    - 二酸化炭素の排出が少ないエネルギーを供給する技術
      （例：太陽光発電，太陽熱温水器，原子力発電）
    - 排出された二酸化炭素を固定化・移送・貯留する技術（例：CCS）
  - 低炭素エネルギー利用関連技術（⑤）
    - 低炭素エネルギーの導入の関連技術
      （例：エネルギー貯蔵技術，エネルギー管理技術，エネルギー流通技術）

図 4.4 茅恒等式に基づく新たな技術体系

4.3 求められる企業の積極的な取組み

■低炭素関連技術は次の分解式を基本として整理・分類

CO₂ 排出の分解式

需要側

$$\text{満足度} \times \frac{\text{サービス}}{\text{満足度}} \times \frac{\text{エネルギー消費量}}{\text{サービス}} \times \frac{\text{CO}_2\text{排出量}}{\text{エネルギー消費量}} = \text{CO}_2\text{排出量}$$

① ライフスタイルの見直し　② 満足当たり必要サービス削減技術　③ サービス当たりエネルギー消費削減技術　④⑤ 低炭素エネルギー利用技術

供給側

$$\text{二次エネ供給量} \times \frac{\text{一次エネ供給量}}{\text{二次エネ供給量}} \times \frac{\text{CO}_2\text{排出量}}{\text{一次エネ供給量}} = \text{CO}_2\text{排出量}$$

エネルギー消費削減技術　④⑤ 低炭素エネルギー利用技術

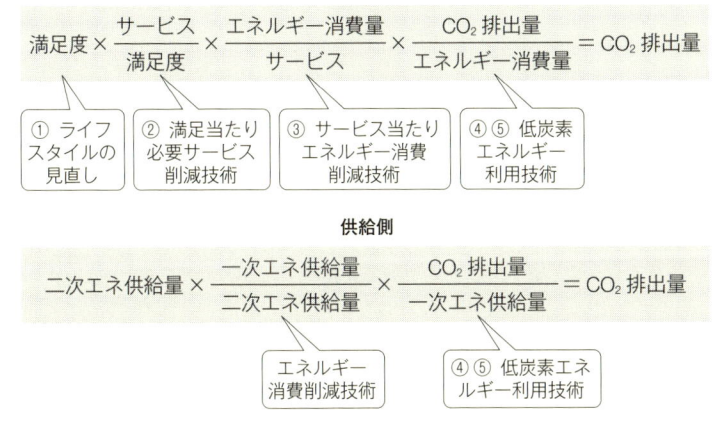

図 4.5　茅恒等式

技術開発を確実に推進していくためには，従来から主として使用してきた指標である"エネルギー強度"（GDP 一単位当たりのエネルギー消費量）だけでなく，こうした CO₂ 排出削減を分解した指標を技術開発に使用していくことがぜひとも必要になっていくだろう．

(2)　2050 年低炭素社会を構築する主たる技術

長期目標（2050 年）温室効果ガス 80％削減を目指し必要となる技術をこの技術体系にそって整理したのが図 4.6 である．縦軸は"茅恒等式"による技術分野（技術の方向性），横軸は削減主体を示し，それぞれに主な革新的技術とイノベーション項目をあげた．

削減要素	ものづくり	すまい・オフィス・店舗など
① ライフスタイルの見直し		
② 満足当たり必要サービス削減技術（＝ムダなエネ消費の根源を削減）	高加価値製品開発	建物の断熱化 ・すべての住宅・建築物が高断熱 HEMS・BEMS ・すべての住まい・オフィスに設置
③ サービス当たりエネルギー消費削減技術（＝省エネ機器のさらなる省エネ改善）	革新的技術 ・水素還元製鉄 ・内部熱交換型蒸留塔（石化） ・低温焼成（セメント）など	高効率電気機器 ・高効率家電・動力機器・情報機器 高効率照明 ・照明効率　現状蛍光灯比 2 倍超 ヒートポンプ給湯 ・現状比 1.5 倍超
④ 低炭素エネルギー技術（＝低炭素エネルギーの徹底利用）	ガス化・電化 ・高温熱需要：石炭・石油→ガス ・低温熱需要：ヒートポンプ CCS ・鉄鋼, セメント, 石油化学	太陽光・熱 ・太陽光発電　約 2 億 5 000 万 kW（メガソーラー含む） ヒートポンプ利用 ・空調・給湯器・乾燥機
⑤ 低炭素エネルギー利用管理技術	分散 EMS 技術	分散 EMS 技術　分散 EV 技術管理技術
	・揚水発電, バッテリー, スマートメータ, ヒートポンプ	
その他	フロンガスのゼロ	
2050 年の姿	世界トップランナー効率によるものづくり	ゼロエミッション住宅 ゼロエミッション建築物

図 4.6　2050 年低炭素

交通・物流	エネルギー供給
カーシェアリング	
エコドライブ	
SCM	
公共交通機関	
モーダルシフト	
次世代自動車 100%次世代自動車(乗用車) 高効率貨物車 高効率ディーゼル貨物自動車 電池電車・路面電車 ハイブリッド電車	高機能火力 ・高効率石炭火力 　(A-IGCC, A-IGFC) ・高効率ガス火力 ・高効率石油火力
電化促進	再生可能エネ ・太陽光,風力,地熱,中小水力, 　バイオマス,海洋エネ など 新燃料技術 CCS ・すべての火力発電所に設置
バイオ燃料 ・自動車用燃料20%混合	
交通管理技術 充電管理技術	PV・風力発電予測技術 PV・風力運用管理技術
給湯器,再エネ出力予測技術,再エネ出力制御機能 など	
エミッション化	
低炭素交通網・物流網 次世代自動車100%	ゼロエミッション電源

社会を構成する技術

中期目標（2020年）に限れば住宅や運輸・交通などを中心に既存技術で十分に対応できるものも多く，こうした技術をいかに社会に浸透させるかが喫緊の課題となる．それには，一企業の枠を越えた産産連携や，行政なども参加した産官学連携によるイノベーションが必要となってくる．特に低炭素社会構築となれば住環境や交通システム，エネルギーシステムといった，いわゆる社会システム（インフラ）の再構築が必要となる．これらは言うまでもなく，低炭素技術の高い我が国が最も力の発揮できる分野でもある．

(3) 従来型技術との違い

技術による社会の変革ということを考えると，従来は開発された技術のブレークスルーがあって，それが社会に浸透してイノベーションを起こしてきた．技術ありきでの社会の変革である．我々が今直面している地球温暖化を阻止するための低炭素社会構築について求められているのは，低炭素社会実現のための技術開発（革新）である．

まずは世界共通の達成目標があり，バックキャストによってそれを達成するためにどのような技術が必要か，いかにして開発し，どう使っていくかをデザインすることから始めなければならない．つまり目標達成型技術開発だ．

技術課題の多さや深さから言えば，低炭素関連技術の開発及びその社会への浸透を促すためには，世界の英知を集結すること，及び開発されるのを待つのではなく能動的に必要なヒト・モノ・カネ・情報を投入し技術革新と社会変革（イノベーション）を自ら起こし

ていくことが必要なのだ.

表 4.1 は低炭素関連技術の従来型技術との違いを表したものである.

目標を明確にした技術開発というと宇宙技術や原子力技術, 軍事技術といった最先端技術を結集した技術システムを思い浮かべがちだが, 低炭素社会構築を目標とする低炭素関連技術となると様相を異にする.

表 4.1 は国家が主導すべき最先端技術を主体に述べられている

表 4.1　目標達成型プロジェクトの新旧対比

旧：軍事, 原子力, 宇宙技術	新：低炭素技術
使命は, 経済的可能性はほとんど問われず, どれだけの技術的達成があるかで決定される.	使命は, 特定の環境問題に対する経済的にも可能な技術的解決で定義される.
目標と技術開発の方向は, 少数の専門家によって前もって決められる.	技術転換の方向は, 政府・私企業・消費者グループなどの広範囲の主体によって影響される.
政府機関内の中央集中統制	参加している極めて多くの主体による非中央集中型統制
中核参加グループ外への成果の伝播は重要性小, あるいはむしろ抑制される.	成果の伝播こそ中核の目標であり積極的に奨励される.
少数の革新技術が重要とされるため, 参加できる企業は少数に限られる.	多数の企業の参加ができるように, 画期的なだけでなく, 今の技術をさらに一歩進める技術革新の両方が重要とされる.
他の政策との補完や整合的であることに配慮する必要がなく, それだけで閉じている.	成功には, 補完政策と他の目標との緊密な整合性を必要とする.

［出典　Soete, Luc & Anthony Arundel (eds.), 1993, An Integrated Approach to European Innovation and Technology Diffusion Policy］

が，我々企業における先端技術開発においても，当然のことながら技術成果の独占にこだわり，限られた範囲での技術開発とその応用や社会還元にとどまっていた．しかし，前述のとおり，低炭素関連技術開発においては，成果の拡大を図るためにはよりオープンな開発環境のもとでの同業・異業種連携による共同開発が求められることになろう．

競争の中に生きる企業にとっては抵抗感のある，より厳しいものとなるだろうが，すでにインフラ型システム開発の一部プロジェクトではこの同業・異業種連携が広く行われている．

もはや回避できない，目標レベルの高い低炭素社会構築にあたっての技術開発とイノベーションを実現するには，これまでの常識を超えた，従来とは全く異なる技術開発が必要となっているのである．

4.3.4 温暖化防止と利益創出の両立（同時実現）を図る
(1) 環境経営を目指す

低炭素社会構築は単に倫理観や使命感・責任感だけでは達成できない．企業の取組み自体が一方では競争力強化につながり企業利益の創出に結びつけていかなければならない．理由は明快だ．低炭素社会構築のためには長期にわたって持続的な活動が必要となるからだ．

それでは，温暖化防止を含めて地球環境保全活動を競争力強化へつなげ，経済的利益の創出に結びつける企業経営とはどのようなものであろうか．それを私は"環境経営"と称している．一般的には

企業が取り組む環境保全活動全体を環境経営と呼ぶことがあるが，私が述べる環境経営とは環境保全と企業利益の創出を両立（同時実現）させる経営のことであり，一般に呼ばれているものとは全く異なるものである．

(2) 三段階の環境保全活動

企業が取り組む環境保全活動は三段階に区分けすることができる（図4.7）．そして，どの段階にあろうが最終段階の"環境経営"に到達しなければならない．

第1段階は"環境対応"型取組みである．これは競合他社の強力なエコ製品・サービスによる自社シェアの低下，排ガス規制など政府の環境規制の強化，金融機関による環境格付けの低下などの経営環境の悪化に背中を押されて取り組む保全活動である．すなわち外圧対応型の経営を指す．しかし，これでは技術革新・経営革新などの遅れにより成果を出せず，投資や経費の回収が難しくなることは明白である．

第2段階は"環境保全"型取組みだ．環境対応に比べれば理念と使命感・責任感のもとに環境保全に取り組もうとする経営である．しかし，技術革新や事業構造改革などの競争力強化の意識が弱く，これは事業継続を脅かす危険性をはらんだ経営と言わざるをえない．

第3段階の"環境経営"型取組みが，環境保全と企業利益創出の両立（同時実現）を図る経営である．この"環境経営"こそ，低炭素社会構築の牽引役として我々が目指し，実践すべきものだ．

■ 環境保全活動の3ステップ（環境対応から環境保全、そして環境経営へ）

	環境対応	環境保全	環境経営
ねらい（コンセプト）	圧力への対応 ・法規制 ・競合 ・お客様	地球市民としての使命 ・自主責任　・自主計画 ・自主活動	環境保全と利益創出の同時実現
活動内容	法規制、競合、お客様に追随した消極的な活動	1. 高い目標を掲げた積極的な地球環境負荷低減活動 ・省エネルギー ・省資源リサイクル ・汚染予防 2. 社員一人ひとりの意識改革	環境保全活動 ≒QCD活動* 例 部品点数削減 工程数削減 歩留まり、稼働率向上
ツール		1. ISO 14001 2. LCA 3. 環境ボランティアリーダー養成システム	1. 戦略的目標管理制度 2. 環境会計 3. 環境経営情報システム

図 4.7 環境保全の三段階

備考 ＊：品質（Quality），コスト（Cost），納期（Delivery）の管理改善活動

(3) "環境経営"実践のポイント

"環境経営"実践のポイントを次にあげる.

第1に"資源・エネルギー生産性向上が,環境保全と企業利益創出に共通した重要な活動である"ということだ.

資源・エネルギーのムダ排除については,企業は以前から競争力強化や収益力強化,コスト削減や経費削減を進め,資源・エネルギーの生産性向上に努めることで成果を上げてきた.その主な具体策は,製品構造の簡素化や業務プロセスの簡素化であった.一方で,地球環境保全の取組みの主な具体策もまた,資源・エネルギー生産性向上である.

私は長らく,作業の時間分析や動作分析,VA/VE (Value Analysis / Value Engineering:価値分析/価値工学) などの機能分析を駆使し,ムダの排除による製造原価低減のための生産性向上に従事してきた.原価低減の要となる具体的手段である使用部品材料,生産工数,投入人員などの削減策は同時に資源・エネルギーのムダの排除につながり,資源・エネルギー生産性向上を図る具体策であることを身をもって体感した.資源・エネルギー生産性向上こそが地球環境保全と企業利益創出の両立を可能とするのだ.

第2に"顧客満足度を減らさずにサービスを削減する"方法だ.

第3章で述べたように,顧客が求めるものは本来,製品・サービスを通して得られる満足度である.顧客はサービスを得るためにエネルギーを使用して製品を利用・活用し,満足を享受する.製品・サービス,エネルギーは単なる道具にすぎないのである.

"環境経営"の視点から,顧客に提供する製品・サービスの利

用・活用時の低炭素化と企業利益の創出の両立を図るには,

 ① 道具となる製品・サービスの質を維持して（又は向上させて）道具の低炭素化を図る.

 ② 顧客満足度を維持してサービスの量を削減する.

という二つの方法がある．①は製品・サービスの提供者による技術革新が鍵を握ることになるが，②はエネルギー需要者でもある顧客の参画と創意工夫が鍵を握ることになろう．例えば，居心地のよい居住空間という満足度を減らさずに冷暖房などのサービス量（使用量）を減らすことである.

すなわち，建物の高断熱化などによって熱の移動を遮断し，エアコン機能の簡素化などを進める．会議における情報量を落とさずテレビ会議の活用を図る．また，便利さとステータスを捨てて自家用車の所有からカーシェアリングへの転換，公共交通機関の活用といったモーダルシフトを進めることなどがあげられよう.

これらは，エネルギー消費量を削減しつつ，顧客満足度を維持・向上できるライフスタイルやワークスタイルへの転換と，既存の技術の改良や組合せによる製品・サービスの提供によって低炭素化が可能となり，供給者にとっても，サービスの質・量の現状維持，若しくは削減を通して企業利益の創出につながるものと考えられる.

(4) 環境経営の管理

企業が取り組む環境保全活動を企業利益の創出に結びつける場合，理想的には環境保全活動を事業としてとらえ，適切な事業管理，利益管理を行う必要がある．そうでなければ前述の"環境対

応"や"環境保全"の活動に終わってしまい,その結末は企業の存続すら脅かすことにもなる.したがって,通常の事業経営とその管理手法をこの"環境経営"にもち込まなければならない.

すなわち,事業計画,事業戦略,重要施策の策定や,P/L (Profit and Loss statement:損益計算書)計画,B/S (Balance Seat:貸借対照表)計画,キャッシュフロー計画などをもとにした PDCA (Plan-Do-Check-Act:計画・実行・評価・改善)サイクルによる管理が求められよう.これはまた多くのステークホルダーの関心事であるに違いない.

しかしながら環境保全活動は既存事業展開の中に一般施策事項として組み込まれており,それを独立した事業として取り出して管理することは容易なことではない.なぜなら,投資や経費の投入,その成果が現事業のそれと重なるものが多く,仕分けが難しいためだ.しかし,環境保全活動(事業)は,比較的大きな投資を伴う技術革新や経営プロセス革新を必要とし,かつ,回収期間が長期になること,また,それが継続的活動を要するものであり,活動成果や問題点の見える化による活動のスパイラルアップが求められることからも,環境経営を実践するには,重要施策管理又はプロジェクト管理を行い,まずは,低炭素化活動の収益の可視化を進める必要がある.

4.3.5 市場システムの活用

これまで述べてきたように,単なる責任感と目標達成意識だけでは,技術革新とイノベーションを起こし,世界トップレベルの低炭

素社会を構築することはできない．社会の基盤となる経済システムそのものを，エネルギー高依存社会を支えることを目的としたものから，低炭素社会を支えることを目的とした新しい"低炭素経済システム"に変えていくことが必要だ．

低炭素経済システムとは，持続可能な社会を実現するために地球資源（"気候"資源も含む）とそのサービス提供力を長期に保全するよう，社会を誘導する経済の仕組みである．その基本は炭素価値を決め，短期指向でなされやすい開発や投資効果評価をより長期の投資効果評価に変える経済システムである．

そのために，従来の製品・サービスの価値が市場（金融市場だけを意味しない）での需要と供給によって決められているのと同様に，炭素価値を炭素市場又は炭素規制などによって決められるようにすることも必要だ．その重要な政策や制度となるのが炭素価格を決める排出量取引制度，低炭素化にインセンティブ付与する炭素税制，排出規制などであることはすでに述べた．

企業は，ここで決まる炭素価値をもとに製品・サービスの開発や基礎技術開発などへの投資意思決定を戦略的に行い，また長期回収計画を立てることで金融市場から資金を調達することができるようになる．企業は，このような市場システムの開設を積極的に支援し，必要な技術革新やイノベーションに重点的に投資し，競争力強化を図ることによって低炭素社会構築の牽引役を果たしていかなければならない．

4.4 望まれる企業経営者の積極的な活動

我が国では低炭素社会の構築には賛同を得ても，具体的な削減目標，排出量取引制度や炭素税などの規制や制度の導入となると産業界からの反発が強い．果たしてこれは産業界の総意なのであろうか？　産業界の中にも当然のことながら，低炭素社会構築の必要性を理解するとともに，政府による国家戦略の明確化と環境整備が進めば，それは大きなビジネスチャンスにもなるととらえ，積極的な取組みを図ろうと考えている経営者も多いはずだ．

不可避な低炭素社会構築に向けた動きは，先進国や新興国の一部に顕著に現れ始めているにもかかわらず（3.3節），我が国において産業界からの後押しが少ない状況では，とても加速することはできそうにない．今こそ国の将来のため，そして企業の成長と発展のために，低炭素社会構築に向けて，企業経営者が結集して責任ある積極的な活動を起こしていくべきときだ．その活動は，経営者間の情報交換にとどまらず，政府や行政，国民，そして国際社会とのコミュニケーションを深め，低炭素社会への道を切り開いていく活動でなければならない．

もちろん，業種も業態も競争環境も自身の経営資源も異なる企業経営者の集まりであれば満場一致での活動は不可能だろうが，現在のように一部の産業の声により，回避できない低炭素社会構築に必要な政策や環境整備が左右されてしまうことがあってよいのかを我々企業人は真剣に考える必要がある．今こそ声を発するときが来ているのではないだろうか．

先進国，いや最近では新興国でさえも"グリーン成長""グリーン経済"に積極的に取り組み，制度化を進めている国々があることを忘れてはならない．それらの国々には"グリーン成長"や"グリーン経済"に対して積極的な企業経営者グループの存在がある．

Japan–CLP（Japan Climate Leaders' Partnership：日本気候リーダーズパートナーシップ）の資料によれば，英国には，UK-CLG（UK-Corporate Leaders Group）がある．参加企業は14社である．2005年，ブレア首相がケンブリッジ大学のサスティナビリティプログラムに参加した経営者と対話，温暖化防止への産業界の積極的な取組みを要請し，これを受けたShell-UKのジェームス・スミス会長などが強いリーダーシップのもとに13社共同で政府支援を表明するに至った．その後，CLGは消極的姿勢を崩さなかったCBI（英国の経済団体）をも動かし，会長交代を機に肯定的な姿勢へと導き，2008年に世界初となる法的拘束力のある削減目標と，その削減計画である"炭素予算"を定めた英国の"気候変動法"の制定に貢献することとなった（2050年までに1990年比で80％，2020年までに34％削減）．

なお，Japan–CLPとは持続可能な低炭素社会への移行に先陣を切ることを自社にとってのビジネスチャンス，次なる発展の機会ととらえる企業のネットワークである．2013年2月現在，イオン株式会社，富士通株式会社，株式会社リコーの3社がメンバー企業として参加している．

EU圏ではEU-CLGの存在も大きい．参加企業は17社である．同組織メンバー企業の積極的なEU企業への働きかけによって

2007年に設立された．低炭素経済のための政策提言活動を主体とし，EU委員会委員長やEU議会議員，各国政府，投資家などへの積極的な直接コンタクトを行っており，EUの積極的"グリーン成長政策"を支えている．

米国ではUSCAP（US Climate Action Partnership）が積極的な活動を展開している．同組織は参加企業27社（NPO 5団体を含む）．2005年に環境NGO（環境保護の分野で活動する民間非営利の組織・団体）がゼネラル・エレクトリック社（GE社）をはじめとする企業にアプローチし設立した．2007年に"A Call for Action"を発表し，気候変動対策への市場アプローチを提言した．その後リーバーマン議員とワーナー議員に気候法案に関する書簡を送付し"リーバーマン・ワーナー法案"の内容に大きく影響を与え，法案成立をねらったロビー活動を展開するなどした．私も2008年に経済同友会の環境委員会のメンバーとともに，米国において，企業の取り組む温暖化防止活動についての議論を交わしたことがあったが，そのメンバー企業には米国を代表する企業である石油精製やアルミニウム精練のメーカー，電力・ガスなどのエネルギー多消費企業が含まれていたことには驚かされた．

さらに触れておかなければならないのは各国政府の意欲的な"低炭素政策"をサポートする企業グループのネットワークCLN（Corporate Leaders Network for climate action）の存在だ．CLNは各国の低炭素化に関するビジネスリーダーたちをケンブリッジ大学（英国）がホスト役となって結びつけ，2010年に発足したネットワークである．最近は，特に新興国に広がりを見せており，15の国

と1地域の計16団体が加盟して現在でも増加中とのことである．CLNが2012年に呼びかけた，世界各国の政府に対して炭素に価格づけする政策を求めるカーボンプライスコミュニケには，世界中の140社を超える企業が署名を行った．

さて，我が国ではどうか？　他にもいくつかの組織があるが，リコーも加盟しているJapan–CLPを例にとって紹介しよう．同組織は，我が国におけるCLN加盟団体として，2009年に5社で設立された．同年から翌2010年初頭にかけて提言書の作成，閣僚級対話などを活発に実施し，メンバー企業も8社に拡大していった．しかし，2010年後半以降は東日本大震災や景気後退の影響を受け，さらに気候変動への関心の低下もあってリコーを含む3社にまで急減し，政府への影響力においても財政的にも存続が危ぶまれる状況となってしまった．最近ではビジネスサミット（B20）や，その他の国際規模のビジネス会議にもほとんど日本企業の参加がなく，我が国はこの面でも存在感すらない状態になりつつある．

世界各国の一組織における参加企業数はそれほど大きくはないが，政府への影響力が大きく成果を上げているその共通点は，CEO（Chief Executive Officer：最高経営責任者）クラスのキーパーソンが参加していること，参加企業の多くに企業のCEOのコミットメントがあること，体制・活動費があること，政府（ハイレベル）との協働・対話力があること，そして科学者とメンバー企業のCEOとの会合や対話があることなどがあげられよう．

我が国の低炭素社会構築に向けた政策面の遅れを取り戻すには，企業経営者の積極的，かつ，前向きな後押しが必要だ．

4.4 望まれる企業経営者の積極的な活動　　151

　2014年3月にはIPCC総会が日本で開催され，同年10月には，IPCC第5次報告書が公表される見込みだ．さらに2015年のCOP21において，2020年以降の枠組に関する新たな法的文書の採択が予定されている．これらは，我が国の低炭素社会構築にも大きな影響を及ぼすものであり，必要な政策・制度の指針ともなるものだ．政府と企業の協力体制を早急に築き上げ，これらのイベントをステップに，世界をリードする"低炭素社会国家"へと我が国を高めていくことが強く求められている．

　各企業は，自己の成長と発展のためにも，世界をリードする低炭素社会を構築するためにも，そして地球全体の安定した気候を実現するためにも，たとえ少数であっても"声なき声"から"声を出し行動する"企業として立ち上がることがぜひとも必要である．

第5章 リコーグループが取り組む環境経営

5.1 リコーグループの紹介

株式会社リコーは創業者 市村 清 によって1936年2月6日に設立され，感光紙の生産・販売からスタートした．現在の事業内容は，

(1) 複写機や複合機及びプリンター，ファクシミリ，印刷機などのOA機器の製造販売及び関連消耗品，保守サービスの提供を主としたオフィス機器・サービス事業
(2) オフィス業務の生産性向上を目的としたワークフローや情報処理・管理，OA機器管理などの包括的なオフィスソリューション事業
(3) デジタルカメラを主とするコンシューマー事業
(4) サーマルメディア，光学機器，半導体，電装ユニット及び計量機器を提供する産業機器事業

などを世界規模で展開している．

市村清が提唱した"創業の精神"である"人を愛し，国を愛し，勤めを愛す"の"三愛精神"を経営の原点に"かけがえのない地球を守るとともに，持続可能な社会づくりに責任を果たす"を経営理念の一つに掲げ，行動指針"社員全員が自主・自立・自己責任"の

もとに事業活動を進めている．

環境保全活動への取組みは1976年，本社機構の中に"環境推進室"を設け全社をあげての活動が始動した．1997年からは継続的な環境保全活動を意図し，一般に言われている'環境経営'とは異なるリコーグループ独自の"環境経営"（環境保全と企業利益創出の同時実現）に取り組み，今日に至っている．その取組みと成果に対して政府やマスメディア，金融機関，海外の格付け機関などから高い評価を受けている．

主なものをあげると，1998年の日本経済新聞社"第二回企業の環境経営度調査"第一位，2003年の産経新聞社"第十二回地球環境大賞"大賞受賞，同年，アジア企業初となる世界環境センター"WEC ゴールドメダル"受賞，2012年の日本政策投資銀行"環境格付け"最高ランクSの評価獲得などがあり，環境トップランナー企業として国内外から高い評価を得ている．

5.2　環境保全に取り組む基本理念

まず，リコーグループが取り組む環境保全活動の理念から紹介していく．

5.2.1　"3Pバランス"のとれた持続可能な社会の構築

2002年，リコーグループは"Three P's Balance^{TM}"を環境保全活動の理念として掲げた．

これは，人類の歴史において18世紀の産業革命以前は，人間社

会から排出される環境負荷は，地球環境の再生能力の範囲以内に収まっていた．すなわち，環境・社会・経済の三つのP（Planet, People, Profit）のバランス（以下"3Pバランス"という）が保たれていた．

ところが，産業革命以降は大量生産・大量消費・大量廃棄の時代に入り，環境負荷は徐々に増大し，地球がもつ再生能力の範囲を越え，地球環境は破壊され続け，このままでは人間社会にとっても生態系にとっても危機的状況が予想される事態となってきた．リコーグループは全世界の人々の努力によって3Pバランスのとれた営みに戻ることが急務であるとの観点から，経済・社会活動による環境負荷を地球の再生能力の範囲内に抑制することを環境保全活動の基本理念とした．

図5.1は3Pバランスを図示したもので，(a)の地球の再生能力から逸脱した社会・経済を(b)のような地球の再生能力の中に戻すことが求められているのだ．

5.2.2 ノンリグレット・ポリシーに基づく積極的な取組み

1990年代にはまだ，地球温暖化は人類による経済・社会活動が原因（いわゆる"人為起源"）であるという説に対して懐疑的な意見が多く，また温暖化防止活動への経営資源の投入は企業利益を圧迫するとの問題意識も多かった．そうした中，リコーグループの環境保全への取組みもまた当時は責任感と熱意に欠けるものとなり，まさに第4章で述べた"環境対応"型経営そのものであった．

しかしその後，環境・社会・経済の3Pバランスを保つことは地

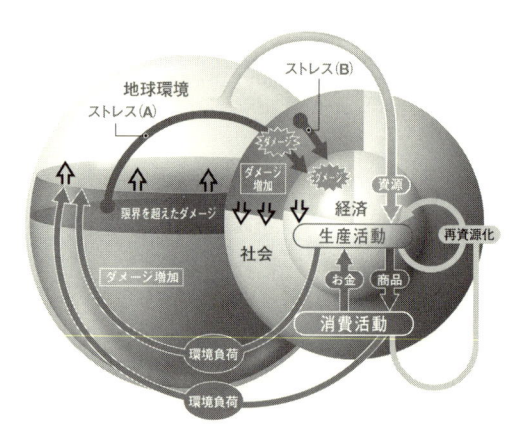

人間社会が地球環境に与える負荷が，地球の包容力・再生能力の限界を超えた状態

(a) 現在の姿

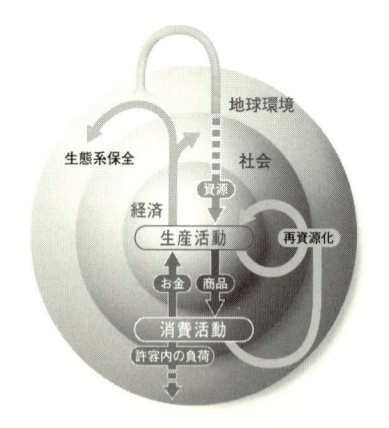

環境負荷が，地球環境の再生能力の範囲内に抑えられている社会

(b) 私たちの目指す姿

詳細は，http://www.ricoh.co.jp/ecology/management/earth.html
©2002 RICOH

図 5.1 地球環境と社会との関係を表す 3P バランス

球の住民として企業活動を通して取り組まなければならない緊急を要するテーマであるとの危機意識のもとに，1997年"リコーグループ環境大会"（当時）において，全社員に対し"ノンリグレット・ポリシー"に基づく温暖化防止への積極的な取組みを宣言した．

ノンリグレット・ポリシーとは"多くの経営資源を温暖化防止活動に投入しながらも後に温暖化は人為起源によるものではないことが判明した場合でも，経営資源のムダ遣いを後悔することがないような政策や活動をとっておく"ことを指す．それはまさに環境保全と企業利益創出が両立（同時実現）する活動を展開することにほかならない．後述するリコーグループの"環境経営"は，このノンリグレット・ポリシーに基づく環境保全活動としてスタートした．

5.2.3 "コメットサークル™"コンセプトのもとに資源循環型経営を実現

図 5.2 は，1994 年にリコーグループが目指す持続可能な循環型社会を，資源循環の流れをもとに"コメットサークルコンセプト"として示し，社会に提唱したものである．

このコンセプトのねらいは，地球資源をこのサークルに従って循環させることにより，リサイクル，リユースを促進し，新たな資源の投入を抑制しようとするものだ．すなわち，資源循環型経営の実現である．

同図の丸印で示した顧客や各事業者は循環型社会を構成する我々のパートナーを表している．同図における上のループが供給者から見た動脈系，下のループが静脈系となる．右上の原材料供給者によ

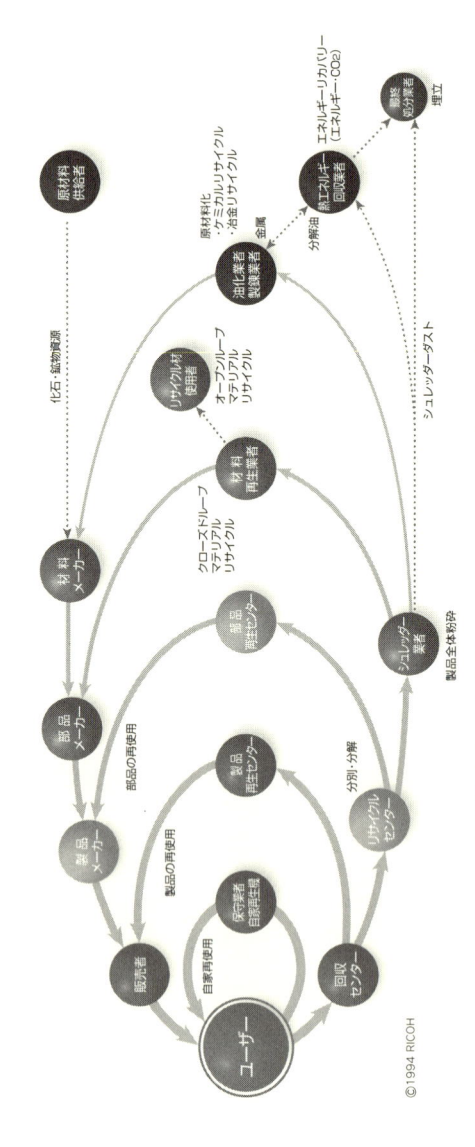

158　第5章　リコーグループが取り組む環境経営

図 5.2 持続可能な社会実現のためのコンセプト "コメットサークル™"

って自然環境から採取された"資源"は，上のループを右から左に流れて"製品"となり顧客に届けられる．使用済みの製品は，下のループを左から右へと流れ，回収・再生されて上のループへと戻る．地球の再生能力の範囲での経済・社会の営みを実現するためには，一度取り出した"資源"をこのコメットサークルに位置する多くのパートナーと協力し，リユース，リサイクルに努め，何度もループを回していくことが重要だと考えている．

リコーグループは，コメットサークルを効率的，効果的に回すために，次の五つの活動を重視し資源循環型経営の実現に努めている．

① 仕入先企業や顧客，リサイクル業者などの各ステージや，それらを結ぶ輸送段階をも含めた総合環境負荷の把握と削減だ．環境負荷を"環境経営情報システム"によって把握し，環境技術開発や部品・製品のリサイクルの推進によってサプライチェーン全体での環境負荷削減を図らなければならない．

② 顧客を中心とした内側の小さいループのリサイクルを優先する．これによって，リサイクルにかかる費用や時間の最小化が可能となり経済価値の高いリサイクルが実践できる．そのためには，部品・材料メーカーとの協業や製品のリサイクル設計技術がポイントとなる．

③ 重層的なリサイクルの推進である．リサイクルを1度だけで終わらせずに可能な限り繰り返し重層的に行うことによって新たな資源の投入や廃棄物発生を抑制しなければならない．

④ 経済効果の高いリサイクルの追求だ．従来の大量生産・大量廃棄の時代には動脈系の流れの効率化に努めてきたが，そのことが逆方向の静脈系の流れを非常に非効率なものにしていた．製品の組立ては容易だが，分解は困難だったというのはその一例だ．解決のためには，リサイクル対応設計を高度化するとともに，リサイクル事業者などとのパートナーシップを強化し，経済合理性の高いリサイクルの仕組みづくりが欠かせない．

⑤ 顧客も含めたすべてのビジネスパートナーとのパートナーシップの強化である．これまでの動脈系での効率化促進に威力を発揮したパートナーとの協業体制を静脈系でも生かし，静脈系の効率化促進を図っていかなければならない

5.2.4 "環境経営"のもとに環境保全と企業利益創出の両立を図る

前述したノンリグレット・ポリシーによる温暖化防止への取組みとして誕生した"環境経営"をリコーグループが環境保全活動の理念の一つに掲げて社会に提唱したのは1997年，COP3において京都議定書が採択された翌年であった．

その後，温暖化防止は長期にわたる継続性のある活動が必須であるとの認識のもとに，環境保全と企業利益創出の両立を図る"環境経営"は，それまでの"保険"的活動から自ら"責任"をもった活動へと進化した．

詳細は4.3.4項で述べた．その要点は，環境保全活動を外圧対応型の"環境対応"，環境理念型の"環境保全"，そして地球環境保全

と企業利益創出の両立を実現する"環境経営"の3段階に分け，第3段階目の"環境経営"を目指そうというものである．

リコーグループの環境保全活動も，当初から地球環境保全と企業利益創出が両立していたわけではなかった．初期の化学物質にかかわる法規制や競合製品との省エネ性能での技術開発競争といった，外部圧力への対応に終始していたが，後述する"環境行動計画"と"戦略的目標管理制度"によって，社員全員参加の活動として広がり，成果も着実に上がるようになってきた．

なお，リコーグループにおける環境大会の名称も2004年以降は"リコーグループ環境大会"から"リコーグループ環境経営大会"に変更した．

5.3 環境綱領

1992年，リコーグループは初の"リコーグループ環境綱領"を制定した．その後1998年，2004年と改定を重ね，リコーグループが社会に対するコミットメントとして，かつ，リコーグループ全社員に対する行動指針として"環境経営"への取組みを明確にした環境綱領とした．

図5.3の基本方針のようにその要点は，

① 環境保全は我々地球市民に課せられた使命と認識し
② 環境保全と企業利益の創出を同時に実現する"環境経営"を
③ 全員参加の取組みをもって実践すること

基本方針
リコーグループは，
環境保全は我々地球市民に課せられた
使命と認識するのみならず，
環境保全活動と経営活動を同軸であるととらえ，
自ら責任を持ち，全グループをあげてその活動に取り組む．

行動指針

1.（高い目標）
　法規制の遵守はもとより，自らの責任において，社会の期待を先取りした高い目標を設定し，その実現を通じて経済価値の創出に努めていく．

2.（環境技術開発）
　顧客価値を創造し，広く社会にも活用される革新的な環境技術開発をすすめていく．

3.（全員参加の活動）
　すべての事業活動において環境への影響を把握し，全員参加で汚染予防や，エネルギーおよび資源の有効利用について継続的改善を行っていく．

4.（プロダクト・ライフサイクル）
　商品とサービスの提供にあたっては，調達・生産から販売・物流・使用・リサイクル・廃棄に至るすべての段階における環境負荷の低減に努めていく．

5.（意識向上）
　一人ひとりが広く社会に目を向け，積極的な学習を通して意識向上を図り，自ら責任を持って環境保全活動を進めていく．

6.（社会貢献）
　環境保全活動への参画・支援によって，持続可能な社会の実現に貢献していく．

7.（コミュニケーション）
　ステークホルダーと連携した環境保全活動を展開し，積極的なコミュニケーションを通して社会の信頼を得る．

1992年2月制定　　2004年10月改訂　　2008年2月改訂

図 5.3　環境綱領

にある．

　約20年以上も前に環境保全を経営基本方針の一つとして位置づけた背景には，企業が持続的な成長を続けるためには"地球の住民としての責任"を強く認識する必要があるとの考えがあった．

5.4　地球環境保全の四つの分野と二つの役割

　リコーグループは，地球環境保全の対象を4分野に重点化している．すなわち，"省エネルギー・温暖化防止""省資源・リサイクル""汚染予防""生物多様性保全"である．また4分野においてリコーグループが果たすべき役割を二つに重点化している．すなわち，これまでにも述べたように，我々企業は環境負荷削減の牽引役として"自社の工場や事業所からの環境負荷削減"のみならず"お客様への省エネ製品やサービス提供を通して，お客様の利用・活用時における環境負荷削減"にも責任をもつ（図5.4）．

　我々はこれらの取組みのすべてを環境保全活動の第3段階である"環境経営"のレベルに昇華させることを目指しているのである．

5.4.1　"省エネルギー・温暖化防止"活動（四つの分野：その1）
(1)　事業所・工場における活動（二つの役割：その1）
　① 生産部門における活動

　　環境負荷を極力抑えたものづくりを目指して"生産プロセス省エネ委員会"が中心となり"生産プロセス革新""高効率設備の導入""自然エネルギーの導入"の三つのアプロー

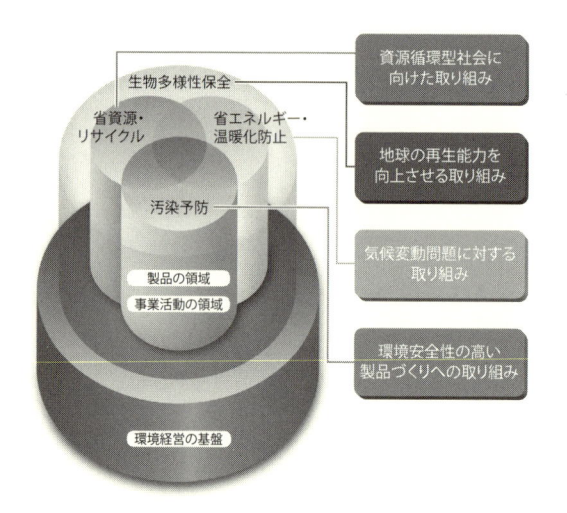

図 5.4 リコーグループの環境経営の全体像

チで継続的な環境負荷低減活動を進めている．

"生産プロセス革新"では生産ラインの徹底したムダの排除を目指した作業工程の短縮やコンベアラインを廃したセル生産方式，あるいは台車生産ラインの採用を進め，簡素でフレキシブルな生産方式とすることで省エネはもちろんエネルギーコストの削減や在庫の低減，スペースの削減などによる製造原価の低減も実現している．

"高効率設備の導入"では"ガスエンジン・コジェネレーションシステム"の導入と，灯油から天然ガスへの燃料転換を果たした．同システムを導入した福井工場での CO_2 削減効果は年間約 5 000 トンに達し，同工場における全排出量の 20％削減に寄与している．

なお，ガスエンジン・コジェネレーションシステム，すなわち熱電併給システムとは，排熱を利用して動力や温熱を取り出し，エネルギー利用効率を高める新エネルギー供給システムをいう．リコー福井事業所では，独立行政法人 新エネルギー・産業技術総合開発機構（New Energy and Industrial Technology Development Organization：NEDO）の補助支援制度を活用した．

② **非生産部門における活動**

販売部門や本社・間接業務部門では，主にICTシステムを活用した業務ワークフローの簡素化や組織の簡素化，いわゆるBPRの促進を図っている．

販売部門におけるワークスタイルの変革では，業務ワークフローの簡素化・ペーパーレス化やシンクライアントPC，タブレット型端末といったICTツールを導入し，営業スタッフの顧客面談時間の増大や，デスクと場所を選ばず効率的に仕事ができるフリーデスク，直行直帰型のワークスタイルへシフトした．その結果，営業スタッフの移動時間の短縮やオフィスの節電，ペーパーレス化などの効果も生まれ業務効率向上と環境負荷低減の同時実現につながっている．

なお，BPRとは，過去の前例や伝統的なビジネスのやり方に全くとらわれずにコスト・品質・サービス・スピードの劇的な向上を目的とした全く新しいビジネスプロセスを創り上げることである．リコーグループにおいては，グループ全体のBPR展開をミッションとした機能を組織化している．

③ 物流部門における活動

物流部門では，リコーグループ各社と物流事業者との連携による"環境負荷情報システム"を駆使し，積載効率の向上や輸送距離の短縮化，さらには輸送手段の貨物自動車から貨物車への転換（モーダルシフト）など，総合的な物流システムの改善や改革を図っている．

これらの活動は，省エネ・温暖化防止への寄与のみならず，大きな経済効果を生み企業利益の創出に貢献していることは言うまでもない．

(2) 製品における活動（二つの役割：その2）

リコーグループのLCA（Life Cycle Assessment：ライフ・サイクル・アセスメント）分析によれば，顧客による製品利用・活用時の電力や消耗品に起因するCO_2排出量は，製品ライフサイクルを通した総排出量（開発設計・部材調達・生産・輸送・販売サービス）の約50％となる．当社の事業活動による排出比率は約15％であることを考えればその大きさがわかる．

これらを踏まえ，リコーグループは"省エネ性能の高い製品"と"省エネ業務ソリューションシステムやサービス"の開発・提供を大きなテーマとして展開している．

① 省エネ性能の高い複合機の開発・提供

当分野は我々メーカーの腕の見せどころだ．リコーグループは印刷方式の技術革新に努め，新定着方式や新トナーの開発などにより標準消費電力量［TEC（Typical Electricity

Consumption) 値] を削減している. 最新機では業界トップレベルを実現し維持している.

なお, TEC 値とは, オフィス機器の国際的な省エネ制度"国際エネルギースタープログラム"で定められた省エネ性能を示す指標をいう.

② **省エネ業務ソリューションシステムやサービスの開発・提供**

クラウド環境やスマートフォン, タブレット端末などの普及によって, 我々のワークスタイルは急激に変化しており, 時間と空間をより効率よく有効に使った働き方が可能になってきた.

リコーグループは, 映像システムや情報処理管理システムなどの分野で様々な製品・サービスを提供し, 顧客の業務効率を向上させるとともに, 環境負荷の低いワークスタイルの提供に努めている.

5.4.2 "省資源・リサイクル"活動（四つの分野：その 2）
(1) 事業所・工場における活動（二つの役割：その 1）

1990 年代の後半より, 国内外の工場・事業所の全員参加による"ごみゼロ化"を省資源・リサイクルの重要な活動に位置づけてグローバルな展開を進めている. 廃棄物の削減は, 資源生産性や歩留まりの向上と同義であり, 大幅なコストダウンにもつながっている. ごみゼロ活動は, 非生産拠点や販売会社にもその活動を広げている.

(2) 製品における活動 (二つの役割:その2)

ムダな資源投入を極力なくすために,コメットサークルのコンセプトでいう"内側ループのリサイクル優先"に基づいて活動の優先順位を"製品再生""部品リユース""マテリアルリサイクル"と定め,環境負荷が少なく経済効果の高い省資源・リサイクル活動に取り組んでいる.

しかし資源リサイクルは決して容易ではない.5.2.3項で述べたとおり,長い間,動脈系(資源の採掘から加工・生産,販売・サービスの流れ)での効率化に努めてきたため,静脈系では様々な取組みが必要となった.

① リサイクル対応設計

静脈系の円滑化を図るにあたり,我々は部品・ユニットの共通化やリサイクル可能材料の使用,リサイクル設計基準の設定などの"リサイクル対応設計"システムの強化,さらには再生可能な材料の積極的な開発や採用,使用済み部品の洗浄技術の開発などにも努めている.

② 再生機の開発・販売

これらの開発・設計技術を集約して機能・性能・品質を落とさずに再生可能な"再生機"を開発し販売している.日本国内においては,使用後の製品は市場からほぼ全数を回収し,それらは再生機になるか,あるいはマテリアルリサイクルされ,大部分について再利用が図られている.こうした取組みは,所有から利用・活用の時代へと向かう中,市場から高い評価を得ている.

③ リサイクル事業部の設立

省資源化のために上記のような静脈活動に多くの時間と費用をかけてリサイクルが実現されてもリコーグループの目指す"環境経営"には至らない．

我々は他の製品事業部とは別個に，1998 年より"リサイクル事業部"を設立して利益の可視化を進め，利益創出可能なリサイクル活動を展開した結果，2006 年度以降黒字化を実現した．

5.4.3 "汚染予防"活動（四つの分野：その 3）

我々の身の周りには多種多様な化学物質があふれている．しかし，そのすべての物質について人体や環境への影響が明らかになっているわけではない．リコーグループは化学物質に関するリスクに備えて，SAICM(Strategic Approach to International Chemicals Management：国際的な化学物質管理のための戦略的アプローチ)の考え方に則った化学物質の把握と管理に努め，環境と人に配慮した製品づくりを行っている．

なお，SAICM とは，2020 年までに化学物質が健康や環境への影響を最小とする方法によって生産・使用されるようにすることを目標とし，科学的なリスク評価に基づくリスク削減，予防的アプローチ，有害化学物質に関する情報の収集と提供，各国における化学物質管理体制の整備，途上国に対する技術協力の推進などを進めることを 2006 年に定めた国際的な合意である．

(1) 事業所・工場における活動（二つの役割：その1）

① 事業所における化学物質リスク管理の徹底

グローバルで生産工程における化学物質の使用量や廃棄量の削減によって事業所周辺の汚染予防に徹底して取り組んでいる．具体的にはSAICMに基づき，化学物質のライフサイクルを通じたリスクの最小化を目指し，製造工程から排出されるすべての化学物質の暴露リスクを評価・管理・抑制し，工場外への廃棄量のゼロ化に努めている．

② 化学物質管理システムによる正確，かつ，迅速な情報開示

リコーグループは"化学物質管理システム"により，使用化学物質削減活動の推進やPRTR (Pollutant Release and Transfer Register) 資料の作成を行い，情報公開を行っている．

なお，PRTRとは"環境汚染物質排出・移動登録制度"と呼ばれる．人の健康や生態系に有害性のある化学物質がどのような発生源からどれだけ環境中に排出又は廃棄物に含まれて事業所外へ運び出されたかというデータを事業者が把握・集計し公表する法律をいう．化学物質による環境の保全上の支障を未然に防止することを目的にしている．

(2) 製品における活動（二つの役割：その2）

① 製品含有化学物質マネジメントシステム

リコーグループは1993年から"製品に使用される可能性のある環境影響化学物質"について独自の基準を設け，削減に取り組んできた．2006年7月にはグローバル規模で材

料・部品の供給者をも含めた"製品含有化学物質マネジメントシステム"(Management System for Chemical：MSC)を構築し環境影響化学物質の使用回避体制を整えた．現時点では禁止されていない化学物質が将来含有禁止となっても迅速にトレース可能となり，速やかに対応できる仕組みとなっている．

5.4.4 "生物多様性保全"活動（四つの分野：その4）

リコーグループは自らの事業活動が地球の生態系サービス［生物・生態系に由来し人類の利益になる機能（サービス）のことをいう．"エコロジカルサービス"や"生態系の公益的機能"とも呼ばれる］の恩恵で成り立っていることを認識し，1999年から世界各国で環境NPOとともに森林生態系保全活動に取り組んできた．

2009年3月には"リコーグループ生物多様性保全方針"を制定し，自社の事業活動による生物多様性への影響低減と保全を目指して取組みを強化している．次にその主だったものを紹介する．

① **事業活動と生物多様性との関係の把握**

製品のライフサイクルや事業活動による土地利用と生態系の関係を一覧にした"企業と生物多様性の関係性マップ"を作成している．自社製品や消耗品の原材料における生態系への影響度を把握し，生物多様性に配慮する開発・生産活動の改善を実施している．

② **原材料木材に関する規定**

2003年にリコーグループが制定した"紙製品の調達に関

する環境規定"をもとにリコーグループは具体的な実施基準となる"製品の原材料木材に関する規定"を策定した．

これは複写機用紙や使用マニュアル，包装材，輸送用パレットを対象に保護価値の高い森林（HCVF：High Conservation Value Forests──オールドグロス林，原生林，絶滅危惧種が生息する原生林，複数の環境保護団体が保護を求める森林のいずれかを指す）からの原材料の使用禁止及び原材料供給事業者への取引条件規定からなっている．

③ 森林生態系保全活動

生物の多様性が豊かな"森林生態系"の保存に注力し，環境NPOの協力を得て，住民が森林と共生できる循環型社会を目指した"森林生態系保全プロジェクト"活動を展開し，2012年現在，6か国と7地域で進めている．

5.5 責任ある中・長期削減目標の設定

5.5.1 長期ビジョンの設定

リコーグループでは，2003年から東京大学 山本良一氏（東京都市大学特任教授／東京大学名誉教授）による『先進国に求められる統合環境負荷削減』などを参考に，統合的な環境負荷削減の視点に基づき，長期的な環境負荷削減についての検討を進めた．その結果2004年に，先進国は2050年までに"統合環境影響"（温室効果ガスの排出や化学物質の使用などによる環境影響を統合したもの）を2000年比8分の1に低減する必要があるとの考えに達し，これを

リコーグループの長期環境ビジョンとした.

その後, 2007年には IPCC 第4次報告が発表され, 同年に開催された COP13 / MOP3 の AWG では"先進国は中期削減目標として 2020 年までに 1990 年比 25〜40%, 長期削減目標として 2050 年までに 1990 年比 80% が必要である"ことが認識された. これは統合環境影響を 8 分の 1 に低減するというリコーグループの長期ビジョンとほぼ符合するものだった.

5.5.2 3分野での中・長期目標の設定

より具体的な取組みを進めるために 2009 年, "省エネ・温暖化防止""省資源・リサイクル""汚染予防"の3分野について長期環境ビジョンに基づき中・長期目標を設定した(図 5.5 にある汚染

省エネルギー・温暖化防止	リコーグループライフサイクルでの CO_2 排出総量(5ガスの CO_2 換算値を含む)を, 2000 年度比で 2050 年までに **87.5%**, 2020 年までに **30%**[*1] 削減する. [*1] 1990 年度比 34% 削減(国内 CO_2)相当.
省資源・リサイクル	(1) 新規投入資源量を 2007 年度比で 2050 年までに **87.5%**, 2020 年までに **25%** 削減する. (2) 製品を構成する主要素材のうち, 枯渇リスクの高い原油, 銅, クロムなどに対し, 2050 年をめどに削減及び代替準備を完了する.
汚染予防	国際合意である SAICM[*2] に基づき, 2020 年までにライフサイクル全体での化学物質によるリスク最小化を実現する[*3]. [*2] Strategic Approach to International Chemicals Management [*3] 2012 年 3 月改定(改定理由等の詳細について: http://www.ricoh.co.jp/ecology/management/vision.html)

図 5.5 中・長期目標

予防分野の目標は2012年3月に改定).中期目標は,長期目標を達成するためのマイルストンとしての位置づけであり,長期目標からのバックキャスト方式により設定した.また,生物多様性に関しては,定量的な目標値設定を検討中である.

5.6 環境行動計画

環境行動計画は,前述の中・長期環境負荷削減目標の達成を目的とする"環境行動計画"と環境経営実現を目的とする"環境経営推進計画"の二つの計画により構成されている.それぞれ3か年計画として策定され,半期(6か月)ごとに,削減目標と利益創出目標(環境経営)に対して,次節で述べる"戦略的目標管理制度"によって経営トップのリーダーシップのもとに予実績管理を行っている.また毎年度,達成状況や環境変化などを踏まえ見直しも図られている.

主な行動(活動)は"四つの分野"と"二つの役割"に準じて分類され設定されている(5.4節).

図5.6に"環境行動計画"における目標及び具体的行動と実績概要を示す.また図5.7にはそれぞれの施策の"環境経営推進計画"の進捗状況と今後3か年の目標と計画の一部事例を示した.

1. 省エネ・温暖化防止

(1) 製造における温室効果ガスの削減

- ■ エネルギー起源の CO_2 発生量の抑制
  [目標値：2010年度同等以内に抑え，298 000 トン-CO_2 以下とする．]
- ・2011年度計画 312 000 トン-CO_2 以下に対し実績 298 000 トン-CO_2

(2) 製品消費電力に関連する CO_2 排出量の削減

- ■ リコーグループ中期環境負荷削減目標の達成を目指した"省エネ"製品の開発
  [目標値：製品消費電力による CO_2 排出総量 2013年度目標を達成する．]
- ・2011年度の発売製品はリコーの省エネ目標値を達成しました．

2. 省資源・リサイクル

(1) 再生製品販売活動における新規資材・部品投入量削減への貢献

- ■ 製品再使用量を拡大する．
  [目標値：2013年度：14 000 トン/年（全世界合計）]
- ・2011年度実績は 7 192 トン．今後も資源の有効活用に努め，再使用量拡大と新規投入資源を抑制した事業活動を継続していきます．

(2) 排出物の削減

- ■ サーマル事業に伴う排出物の削減
  [目標値：生産量当たりの排出量を 2007年度比 26％削減する．]
- ・2011年度は 2007年度比 5.2％削減．今後も 2013年度目標値達成に向け，資源ロス削減活動を継続実施．

3. 汚染予防

(1) 環境生態影響等のリスク評価を行い，より包括的なリスク評価体制を構築する．

- ■ 化学物質に関するワールドワイドのリスクマネジメント体制の構築
  [目標値：製造工程から排出される化学物質について，環境生態影響等のリスク評価手法が獲得され，評価結果に基づきリスク管理低減活動が展開されている．]
- ・確立した水域排出リスク評価手法において国内外の全生産・研究事業所で，現在管理する化学物質の水域排出リスクがないことを確認しました．

4. 生物多様性保全

(1) 地域再生能力の維持，回復への貢献

- ■ 生物多様性保全を目的とする社会的責任活動の実施
  [目標値：リコーグループにおいて社会的責任活動を実施する．]
- ・世界17か国のリコーグループ各社で植林，里山保全，河川・森林清掃などを実施しました．

図 5.6　環境行動計画

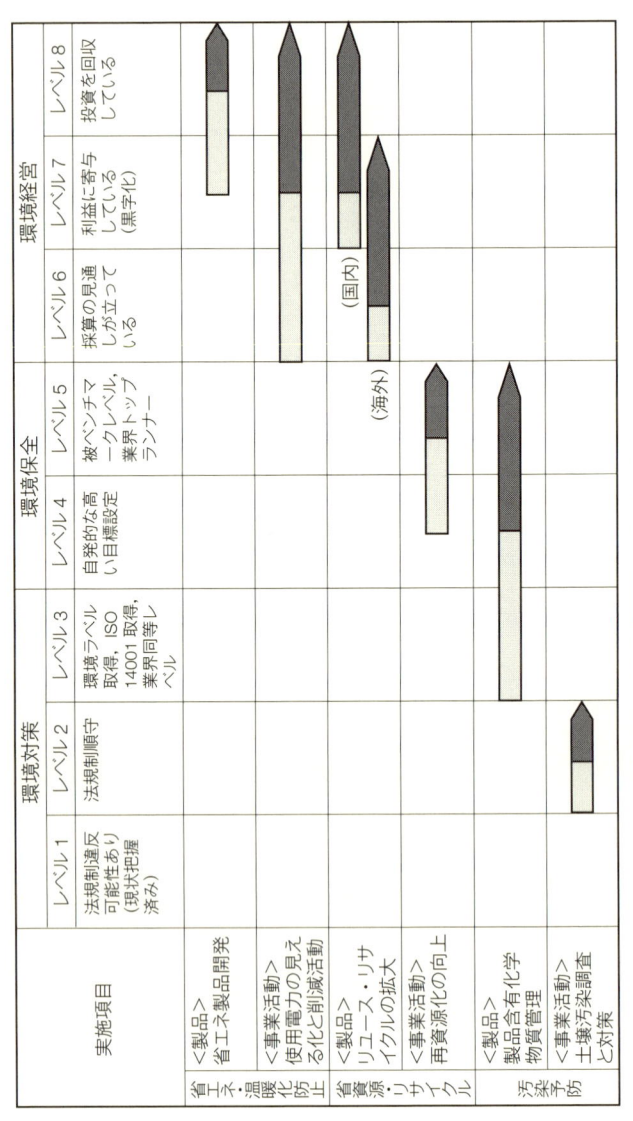

176　第5章　リコーグループが取り組む環境経営

		環境対策			環境保全		環境経営		
		レベル1	レベル2	レベル3	レベル4	レベル5	レベル6	レベル7	レベル8
		法規制違反可能性あり（現状把握済み）	法規制順守	環境ラベル取得、ISO 14001取得、業界同等レベル	自発的な高い目標設定	被ベンチマーク・レベル、業界トップランナー	採算の見通しが立っている	利益に寄与している（黒字化）	投資を回収している
省エネ・温暖化防止	<製品> 省エネ製品開発								
	<事業活動> 使用電力の見える化と削減活動								
省資源・リサイクル	<製品> リユース・リサイクルの拡大					（海外）	（国内）		
	<事業活動> 再資源化の向上								
汚染予防	<製品> 製品含有化学物質管理								
	<事業活動> 土壌汚染調査と対策								

過去3年間の実績　今後3年間の計画

図 5.7　環境経営推進計画

5.7 戦略的目標管理制度

リコーは持続的な成長と発展を確かなものとするために，全社員での経営目標や主要戦略，重点実施事項の共有化とPDCA管理による業績への反映を目指した"目標管理制度"を導入している．

リコーの目標管理制度は，1999年に"日本経営品質賞"（Japan Quality Award）受賞を機に，当時米国で開発され注目を浴びていた"バランスト・スコアカード"（Balanced Scorecard：BSC）をもとに，当社のこだわりであった戦略展開を確実に業績に結びつけることを主な目的とした制度となっており"戦略的目標管理制度"と呼んでいる．特に環境保全は，経営基本方針の一つであるリコーの目標管理制度の重要な対象分野（管理制度では"視点"）である．

とはいえ，一般的に目標管理制度の効果には疑問の多いことは承知している．問題点の一つは目標管理制度にインセンティブ制度（達成度に応じた処遇）を連動させることによって目標達成度が重視され，往々にして達成しやすい低い目標設定になることである．リコーではこれを"後工程"（処遇重視）型と呼ぶ．

目標管理制度は当然ながら大義（全社目標）に基づく目標の達成のためのものだ．したがって，目標のブレークスルー（割付）が確実に行われることが必須である．リコーグループではこれを"前工程"（大義重視）型と呼びその維持に努めている．

問題点の二つ目は，主要戦略や個々の重点実施事項の達成目標が不明確であった場合，PDCAが回らず予実績差に対する適切な対策が講じられなくなることである．

リコーグループの"戦略的目標管理制度"はこれらの一般的に陥りやすい問題点を排除して重要戦略・施策の明確化と達成目標の設定を行いPDCAを厳格に回していく．責任ある高い目標達成重視の目標管理制度を展開している．

図5.8は，戦略的目標管理制度を構成する"財務""お客様""社内プロセス""学習と成長"の四つの視点に"環境保全"の視点を加えた五つの視点を示すものであってリコー独自のものである．この制度は各事業計画を五つの視点ごとに目標値を定め，それを実現する主要戦略や重点実施事項を抽出し，全部門が経営層に提案し，承認を受け，半期ごとに実績成果をレビューしていくもので，リコーの経営管理システムの骨格となる仕組みとなっている．

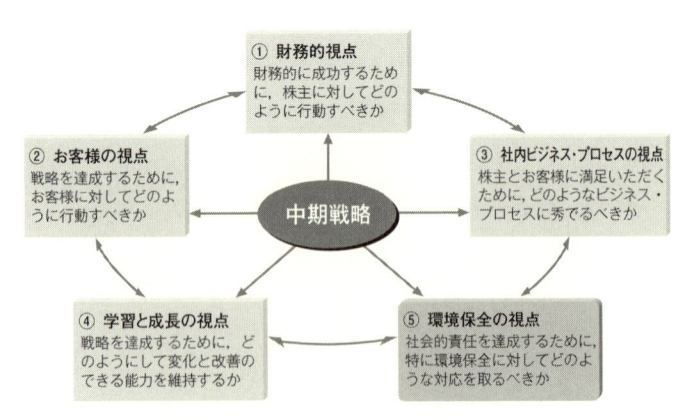

① 財務的視点
財務的に成功するために，株主に対してどのように行動すべきか

② お客様の視点
戦略を達成するために，お客様に対してどのように行動すべきか

③ 社内ビジネス・プロセスの視点
株主とお客様に満足いただくために，どのようなビジネス・プロセスに秀でるべきか

中期戦略

④ 学習と成長の視点
戦略を達成するために，どのようにして変化と改善のできる能力を維持するか

⑤ 環境保全の視点
社会的責任を達成するために，特に環境保全に対してどのような対応を取るべきか

図5.8 戦略的目標管理制度の五つの視点

5.8 実　　績

5.8.1　自社の事業活動における省エネ・温暖化防止活動

リコーグループは 2006 年，京都議定書における我が国の削減目標である 1990 年比 6％削減を踏まえ，2010 年度の総排出量削減目標を国内リコーグループの生産拠点は 1990 年度比 12％削減，海外リコーグループの生産拠点は同じく 1998 年度比 10％削減という責任ある目標を設定した．

生産プロセスの地道な革新活動や高効率設備の導入といった施策によって図 5.9 に示すように，2010 年度の総排出量は原単位当たりの排出量が着実に削減実績を上げつつも，基準年以降の事業のグローバル化や M&A（Mergers and Acquisitions：企業の合併と買収）などによる総生産量の急増もあり，目標に及ばず 9.6％の削減にとどまった．遺憾ながら削減施策が生産高増大を吸収できていない状況となり今後の課題となってしまった．

この不足相当分である約 4 000 トン強について，国連による

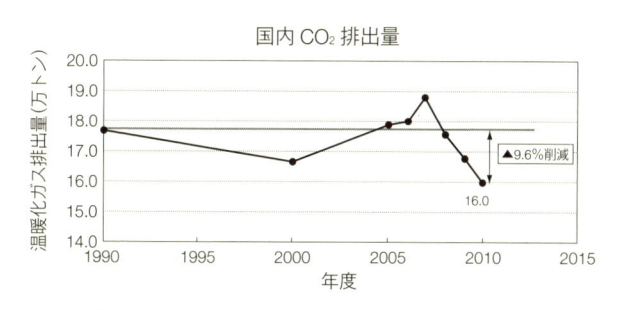

図 5.9　国内生産拠点　リコーグループ削減目標と実績

CDM によって獲得していた CER (Certified Emission Reductions：認証排出権削減量) で充当し，日本政府の口座に移転・償却した．しかし，今後のリコーグループの中期目標である 2020 年ライフサイクル CO_2 30％削減（図 5.10）を達成するためにはさらなる技術革新やプロセス革新が必要であり，今後の大きな戦略課題として鋭意取組み中である．

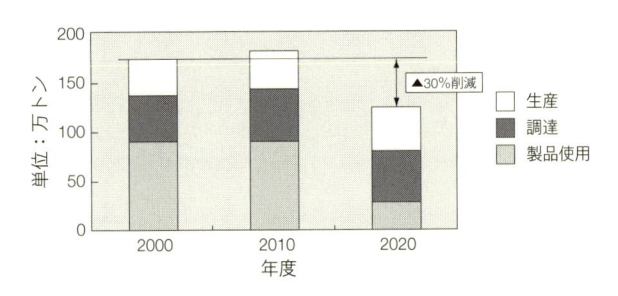

図 5.10 リコーグループ ライフサイクル CO_2 削減目標

5.8.2 お客様への省エネ製品・サービスの提供

5.4.1 項で述べたように，複合機は LCA 分析によれば総排出量の 50％が顧客の利用・活用時に発生している．お客様の利用・活用時の大きな発生源は，紙：65％，電力：35％（使用時：33％，待機時：2％）である．リコーでは低炭素化をねらい，長年にわたり"使いやすさと省エネを両立させる" QSU (Quick Start-Up) 技術開発を進めてきた．QSU 技術の三つの重要技術である"トナーの低融点化""定着の省電力化""待機時の電力消費ゼロ化"の実績を次に紹介する．

(1) トナーの低融点化技術

開発当初から将来を見据え,重合トナーの原料として一般的だったスチレンアクリル樹脂を使用せず,より低い温度で溶融できるポリエステル樹脂を選び,当時は難しいとされていた重合化にあえて挑戦した.そして独自の重合トナー"PxPトナー"が2004年に誕生した.2012年2月には,さらなる改良を加えた"カラーPxP-EQトナー"を開発してカラー複合機に搭載し,かつてない省エネ性能と高画質化を達成した.

トナーを低融点化する際の技術課題は低温定着と輸送性・保存性の両立である.単純に低い温度で溶けるようしてしまうと倉庫や輸送中の車内環境でトナーの品質が劣化してしまう."カラーPxP-EQトナー"では,低温定着性と輸送・保存性という相反する特性を両立させるために,それぞれの特性に対して有利に働くように新たなポリエステル樹脂を複数配合している.

一般的なトナー用の樹脂が温度の上昇に伴って徐々に軟らかくなる性質をもっているのに対し,定着温度に達した瞬間に一気に軟化して定着するように設計されているのだ.このような技術開発によって輸送性・保存性を維持しながらトップクラスの低融点トナーを実現させたのである.

(2) 定着の省電力化技術開発

リコーは2001年に,モノクロ中速複合機で世界初の待機時からの復帰時間10秒を達成した画期的な省エネ技術を世の中に送り出した.その後,1分間に75枚という高速で印刷する複合機に蓄電

デバイスであるキャパシタ技術を活用，2003年に高速複合機においても10秒以下の復帰時間を達成した．さらに2008年には，モノクロ複合機と比較してはるかに大きな熱量が必要なカラー複合機に対しても，IH（Induction Heating：電磁誘導加熱）技術により初めて復帰時間10秒を切る9.9秒の立ち上がりを達成した．

2012年にはさらに，第4世代QSU技術として，画像定着における熱容量を大幅に低減させるとともに，定着ローラーの熱伝導効率を大幅に向上させるなど，使いやすさを損なわずにカラー複合機の復帰時間を9.1秒にまで短縮している．

(3) 待機時の電力消費量ゼロ化開発

2006年発売のカラー複合機では，ネットワークに接続された状態での待機時電力は7Wを要していた．しかしその後，メインCPUに代わり待機時のネットワーク応答を可能とする省エネ制御コントローラを開発することで2010年には1.3Wという大幅な省エネ化を実現させた．さらに最新の低電力デバイスの採用と電源の小電力使用時の効率を著しく高め，2012年には1W未満を達成した．2013年には，FAX受信可能な待機状態でも1W未満を達成させる予定である．

今後も究極の姿である待機時消費電力ゼロを目標に開発を進めていく．

以上，三つの重要技術の開発により，リコーはオフィスでの電気使用量の削減に大きく貢献してきた．今後も材料開発を含めた総合

的な技術開発を進め，使いやすさを損なわない画期的な省電力機器の開発と提供を推進していく．

5.8.3 製品の省資源・リサイクル活動

5.2.3 項で述べたように，リコーはサプライチェーン全体での資源循環を実現するコンセプトである"コメットサークル™"コンセプトのもと，使用済み製品やサービスパーツの回収及びリユース，材料メーカーや部品メーカーとのパートナーシップにより，部品や材料のリサイクルを進めてきた．

このようなリユース，リサイクル促進のために分解しやすい製品設計，プラスチック材の品種の集約，部品ユニットの長寿命化，リサイクル材料の開発や採用促進を図っている．

2011 年度から 2013 年度までの環境行動計画では，

① 使用済み製品からのリユース部品使用質量
② 再生プラスチック使用質量
③ 使用済み製品の資源循環量
④ バイオマストナーの製品化

の 4 分野における拡大計画を立てその達成を目指している．

その結果，国内の 2011 年度実績は中核事業である複合機の使用済み製品の回収率においては，目標 100% に対して 98% 以上，消耗品トナーカートリッジの再資源化率は目標 100% に対して 99% 以上の実績を上げるに至った．

また，2011 年 6 月には，事務機器初となる鉄資源のリサイクルを図る 100% スクラップ鉄使用の電炉鋼板を採用した複合機の出荷

を開始した．電炉鋼板採用のために東京製鐵株式会社との共同開発によって鋼板の表面特性，成形性，加工性などの技術課題を解決し，既存の高炉鋼板同様の機械的性質を実現することができた．

5.8.4 環境会計

リコーグループは1999年以降，環境経営の進展状況を把握し"コーポレート環境会計"として情報開示してきた．コーポレート環境会計は環境保全のために投じたコストとそれによって得られた保全効果並びに経済効果を可能な限り定量化している．

経済効果は"実質的効果"（効果として現金同等の受取りがあるもの，及び保全活動がなければ発生するはずの費用）と"推定実質的効果"（実質的に売上や利益に貢献しているが貢献額の測定に推定計算が必要なもの），そして"社会的効果"（環境配慮型製品が顧客の電力費用や廃棄物処理費を削減した費用など，リコーグループ外の社会で上げた効果）を主な対象としている．表5.1に2009年度から2011年度までの環境会計実績を示す．

5.9 世界各国・全部門の全員参加活動

地球の住民のだれ一人として，地球資源を使わずに生活し仕事をしている者はいない．仕事や生活の質により地球資源の利用・活用量に違いはあれ，人類すべてが地球資源の利用・活用者である．その総和が地球の再生能力を超えてしまった今，責任を他の者に転嫁していては地球環境問題の解決は遠のくばかりである．

5.9 世界各国・全部門の全員参加活動

表 5.1 リコーグループ コーポレート環境会計 実績

(単位：億円)

	2008年度 コスト 環境投資	2008年度 コスト 環境費用	2008年度 経済効果	2008年度 金額効果	2009年度 コスト 環境投資	2009年度 コスト 環境費用	2009年度 経済効果金額	2010年度 コスト 環境投資	2010年度 コスト 環境費用	2010年度 経済効果金額
事業エリア内コスト ・公害防止コスト ・環境保全コスト ・資源循環コスト	2.7	20.7	・節電、廃棄物処理効率化 ・生産付加価値への寄与 ・汚染による修復リスクの回避他	2.3 46.3 20.8	2.9	12.7	28.3 39.1 10.1	3.4	13.5	22.1 62.2 11.6
上・下流コスト ・製品回収、再商品化のための費用	0.1	75.6	・リサイクル品の売却額	228.0	0.0	125.2	235.5	0.0	138.7	208.9
管理活動コスト ・環境マネジメントシステム構築維持費用、環境報告書作成、環境広告のための費用	0.8	48.0	・報道効果、環境教育効果、環境宣伝効果額など	14.3	0.5	34.4	10.6	0.1	38.5	10.8
研究開発コスト ・環境負荷削減のための研究開発費用	4.1	26.4	・製品研究開発による利益貢献額 ・製品の省エネ性能向上によるユーザー支払電気代削減	51.1 (4.9)	2.0	26.9	43.5 (8.2)	1.6	30.7	42.0 (2.5)
社会活動コスト ・事業所を除く自然保護、緑化のための費用	0.0	0.5	(なし)	—	0.0	0.9		0.0	0.6	(2.5)
環境損傷対応コスト、その他 ・土壌汚染などの修復費用	0.3	1.6	(なし)		0.3	1.8		0.0	1.7	
	7.9	172.6	リコーグループ内効果	358.2 (4.9)	5.7	201.7	367.0 (8.2)	5.1	223.8	357.7 (2.5)

リコーグループ外の社会での効果

また，企業の中でも，地球環境問題は技術者や生産にかかわる人々に任せればよいという声をいまだに聞くことがある．果たして本社の企画部門や人事部門では地球資源を利用・活用していないのか？ 販売でも利用・活用していないのか？ 答えは当然 NO である．地球の住民である限り，通勤や移動，オフィス機器，消耗品，食事，照明・空調など，資源・エネルギーを大量消費しているのだ．地球環境問題の解決は世界各国の全部門の全社員が責任をもって取り組むべき課題なのだ．

リコーグループは"環境綱領"（図 5.3）でも述べたように，基本方針の一つに"全員参加"の活動を掲げ，個々人の自主・自立・自己責任のもとに"楽しく進める"環境経営を展開している．ここでは，世界中の全社員の参加を促進させる環境整備と全員参加事例を紹介したい（写真 5.1）．

写真 5.1 海外拠点での環境整備活動

5.9.1 "リコーグループ環境経営大会"による成功事例の共有化

年1回,全世界の事業責任者,環境責任者が一堂に会し,CEO及び環境担当取締役から,環境経営方針の徹底,各拠点での優秀環境経営活動事例発表,優秀拠点活動表彰などを通して,相互情報交換や環境経営のレベルアップを図っている(写真5.2).

写真 5.2 リコーグループ環境経営大会

5.9.2 全世界で取り組む工場・事業所・営業所の"ごみゼロ化"

国内外の工場・事業所の全員参加による"ごみゼロ化"を省資源・リサイクルの重要な活動に位置づけ,グローバルに展開してきた.1998年10月にリコー福井事業所が先駆けとなり,2001年には日本国内の生産拠点で,2002年には海外主要生産拠点で"ごみゼロ"を達成した.その後,リコーグループに加わった企業への"ごみゼロ活動"も推進し,2010年度からは処理後の残渣まで対象にし,経済合理性も踏まえた新たな基準を設定してさらなる再資源化の活動を展開している.

リコーグループのいう"ごみゼロ"とは,図5.11に示すよう

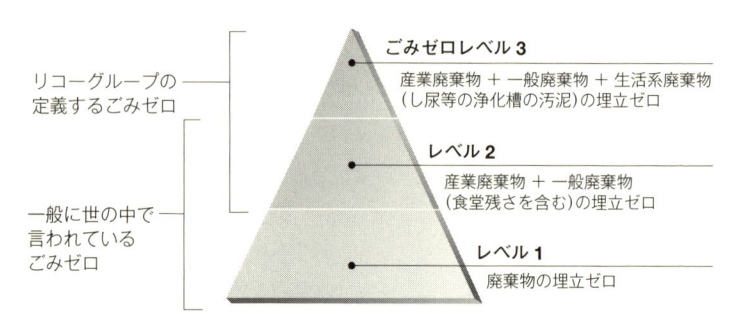

```
リコーグループの        ごみゼロレベル 3
定義するごみゼロ        産業廃棄物 + 一般廃棄物 + 生活系廃棄物
                      (し尿等の浄化槽の汚泥)の埋立ゼロ

                      レベル 2
                      産業廃棄物 + 一般廃棄物
一般に世の中で          (食堂残さを含む)の埋立ゼロ
言われている
ごみゼロ                レベル 1
                      廃棄物の埋立ゼロ
```

図 5.11 リコーグループのごみゼロの定義

に，レベル 3 の生活系廃棄物（し尿などの汚泥物）を含むすべての廃棄物を出さないというものだ．一般にはレベル 2 を指していると聞く．

"ごみゼロ活動" は "たかがごみ" の削減活動ではない．徹底した 5 S (整理，整頓，清潔，清掃，しつけ) 活動の展開，開発技術や生産技術，品質管理技術を駆使して良品率 (適合品率) を高めて生産工程で発生する廃棄材料を大幅に削減する活動である (写真 5.3)．結果は当然のことながら資源生産性を高め，省資源のみならず大幅なコストダウンの実現にもつながっている．

"ごみゼロ活動" は，グローバル規模での全員参加が求められる活動であり，成果が上がれば上がるほど社員全員の意欲も高まり，地球環境保全への意識が向上する．現在のリコーグループの地球環境保全活動は上司から指示されて動く活動ではなく全員が楽しんで取り組む自立的，かつ，自律的な活動となっている．これもまたごみゼロ化活動の大きな成果の一つと言えよう．

写真 5.4 は，リコー沼津事業所の "沼津中央リサイクル市場"

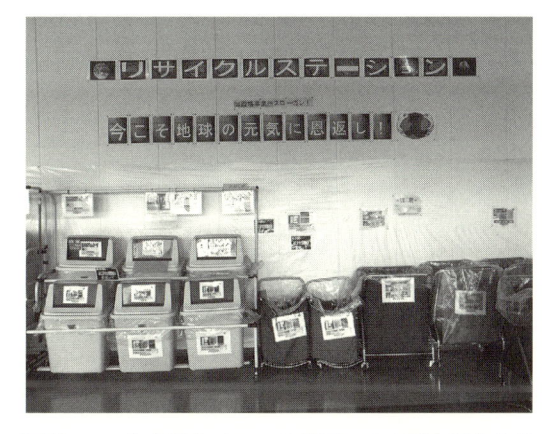

5.9 世界各国・全部門の全員参加活動　　　189

写真 5.3　生産拠点でのごみ分別による再資源化活動

写真 5.4　沼津事業所"沼津中央リサイクル市場"

だ．各職場で分別された排出物は，市場の中にある提灯や看板で示された"店"（大きなゴミ箱）に収集される．写真ではわかりにくいが，鉄屑であれば"よろず鋼材所"，廃棄プラスチックは"P プラ パーキング"，ガラスは"BAR クリスタル"，袋類は"居酒屋 お

ふくろさん"など，楽しみながら分別に励めるように遊び心で工夫されている．

5.10 環境経営の推進体制

5.10.1 ISO 14001 の認証の取得

環境経営を実現するため，グループ各社含め，それぞれの事業活動のプロセスに EMS（Environmental Management System：環境マネジメントシステム）を組み込んで環境経営を推進している．

1995 年にリコー御殿場事業所が ISO/DIS 14001 の認証を取得したのを契機に，現在では，主たる国内外の生産拠点から販売サービス拠点のすべてで ISO 14001 の認証を取得している．各部門・部署に配置された環境担当責任者を軸に"全員参加による環境経営の風土づくり"を進めている（図 5.12）．

5.10.2 組 織 体 制

リコーグループでは，本社に社長直轄の環境戦略立案と実施推進に責任を負う部門（CSR・環境推進本部）を設け，グループ会社含め，全部門に環境推進責任者 60 名と実施担当者 136 名の 193 名を配置している．5.7 節で述べた戦略的目標管理制度を活用し，各部門において 4 分野（省エネ・温暖化防止，省資源・リサイクル，汚染予防，生物多様性）での環境経営を ISO 14001 認証の維持とともに進めている．

技術開発においてはメカニズム，エレクトリック，ソフトウェ

5.10 環境経営の推進体制

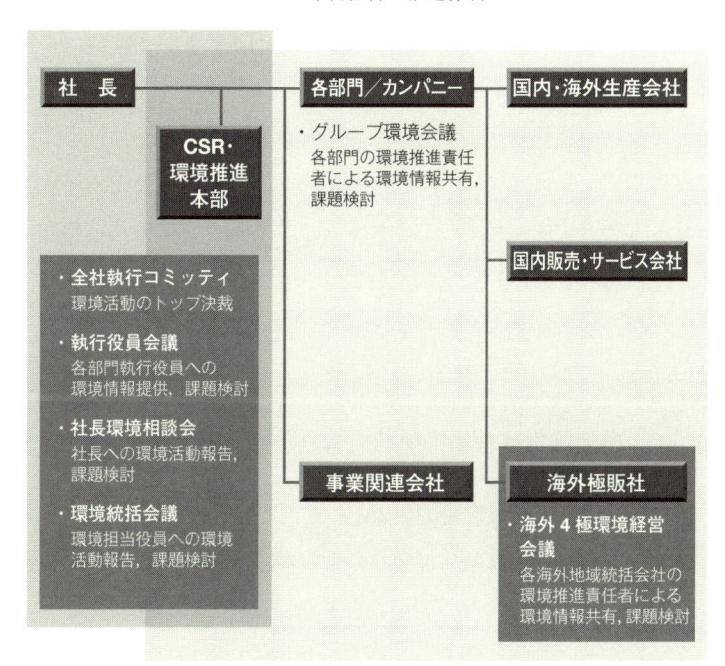

図 5.12 環境経営 体制図

ア分野に環境分野を加えた四つの CTM (Chief Technology Manager) 制を採用し, 生産部署まで含めた横串の (横断的な) 委員会活動による技術戦略の立案制定や組織活動による技術開発を行っている.

環境 CTM は省エネ, 省資源, 汚染予防の分科会をもち, 分科会リーダーによる毎月の環境 CTM リーダー会議により, 省エネ性能 No.1 製品の開発をはじめ, 省資源化による環境負荷低減とコスト削減, 各国の化学物質規制動向を先取りした製品開発や測定技術開発などを推進している.

これらの活動は3か年の環境行動計画に関連づけており，半期ごとに予実績が経営トップ及び全執行部門長によってレビューされ必要であれば施策の追加や見直しが実施される．

海外極においても年に1度，各極の経営トップや販売・保守サービス・物流・生産機能が一堂に会して，各機能ごとの環境行動計画，使用済み製品やパーツの回収とリサイクルといった複数の機能にまたがっての施策などの予実績レビューを実施している．

5.11 環境経営報告書の発行と社会からの評価

5.11.1 環境経営報告書の発行

リコーグループは1999年から"環境報告書"を発行し，環境経営の理念，基本方針に基づく環境経営活動及びその進捗状況をステークホルダー（利害関係者）に向けて積極的に開示してきた．これは，多くの方々から，リコーグループの取組みに対する率直なご意見を頂くと同時に意見交換をさせていただき，活動のあり方をチェックしレベルアップすることを目的とするものである．

本章の冒頭で紹介した日本政策投資銀行による環境格付けや，CDP（Carbon Disclosure Project）による機関投資家への企業の環境対応度評価などの公開，さらには社会的責任投資（Socially Responsible Investment：SRI）に基づく投資促進活動が欧米のみならず我が国においても顕著になってきた．環境保全活動は企業評価の重要な手段であり，企業による情報発信の重要性が増してきている．

リコーグループの環境報告書はこのような格付け機関による評価もさることながら，ステークホルダーからの意見を頂くという目的に従って実施できたことのみならず，できなかったことや結果的に環境負荷増につながってしまったことなど，いわば"都合の悪い情報"の公開にも努めている．特に土壌・大気・水質汚染や環境影響化学物質の使用状況などについては，被害の拡散防止のためにも"即公表・即対策"を原則に取り組んでいる．

2012年度からは，投資家の視点にも耐えうる内容を目指し，統合報告書として内容をさらに充実させている．

5.11.2 社会からの評価

最後に，リコーグループがこれまで各方面より頂いた主な評価を紹介しておきたい．

1998年12月
　日本経済新聞社"第2回企業の環境経営度調査"第1位
2002年5月
　エコム社"OA機器部門・企業の社会的責任格付け"世界第1位（ドイツ）
2003年4月
　フジサンケイグループ"第12回地球環境大賞"大賞受賞
2003年5月
　The World Environment Center "WECゴールドメダル"受賞（米国）
　※アジア企業で初受賞
2007年3月

第10回環境コミュニケーション大賞 "環境大臣賞"
2007年6月
　日本環境経営大賞表彰委員会 "第5回日本経営環境大賞" 環境経営パール賞受賞（最高賞）
2010年12月
　"LCA日本フォーラム"から最上位賞である"経済産業省産業技術環境局長賞"を受賞
2012年1月
　日本経済新報社 "第15回環境報告書賞・サステナビリティ報告書賞"
2012年10月
　日本政策投資銀行 "環境格付け" 最高ランクS獲得

　リコーグループは今後も低炭素社会構築の牽引役は企業であると自覚し，責任ある高い目標のもとに全員参加の環境経営を積極的に展開していく考えである．

第6章 政府の役割

　我が国においても地球温暖化防止の重要性は確実に認識されつつあり，そのための国内政策についてもこれまで何度となく検討されてきた．また単なる温暖化対策としての低炭素社会構築に終わることなく，これを我が国がもつ低炭素化関連技術を生かした新しい経済成長戦略，すなわち"グリーン成長戦略"として展開すべきことも議論されてきた．

　しかしながら，これらの取組みの多くは議論とその結果の表明を繰り返すにとどまり，法制化，制度化，予算化，実施へと前進するに至っていない．それどころか一部には後退していると思わざるをえない状況と言えよう．

　しかし，だからといってその原因を単に政治の責任としてしまうならば低炭素社会への道は開けない．第3章でも述べたように他の先進諸国は，低炭素社会構築を目指したグリーン成長戦略を展開し始めている．これらの国や地域の政権基盤が必ずしも盤石だとはとても言えない．真の原因は，我が国全体が温暖化防止課題に対しての問題意識や危機感がまだまだ不足していることにあろう．産業界や国民にも大いに責任があることは確かだ．

　政治は自ら温暖化に対する問題意識をしっかりともち，適切な対応の遅れがもたらす結果に対する危機感を産業界や国民に丁寧に説

明し，責任ある高い目標達成を目指した低炭素社会構築を明確に宣言し理解を求めるべきだ．

6.1 ビジョンとなる低炭素社会像を示し，国民と共有する

6.1.1 低炭素社会像を示す

今我々地球の住民に課せられた命題は，地球資源は無限だとの考えのもとに成り立っていた工業化以降の大量生産，大量消費，大量廃棄を通して大量の温室効果ガスの発生を許してきた従来の経済社会から，自然環境資源の制約の中で我々が生き生きと生活を営むことができる社会，すなわち経済成長と資源・エネルギー消費を断絶した新しい社会への大転換である．これが我々が目指すべき低炭素社会である．

しかし，それは容易でない大転換であるだけに，目指すべき低炭素社会とはいかなる社会なのかを可能な限り明確にし，国家ビジョンとして国民に示し理解を求める必要がある．国家ビジョンの提示は政府にしかできない，政府の果たすべき大きな役割である．

国や民間の研究機関によってすでに低炭素社会像なるものが報告されているが，要約すれば二つの社会像を軸としたものとなろう．

どちらも中・長期の温室効果ガス削減目標を達成する社会に変わりはないが，一つは技術革新を大いに進め，資源・エネルギーの需要側と供給側のイノベーションによって低炭素化を図り，従来の営みを大きく変えることなくさらなる"活力ある社会"を目指すものである．もう一つはモノや資源・エネルギーに依存しない営みによ

って新たな生きる幸せを享受する"ゆとり社会"を目指すものである．

我が国が小資源国家としてたび重なる危機を技術革新や生活の知恵で乗り越えて世界の経済大国となったことを考えれば，目指すべき低炭素社会とは"活力ある社会"に近いものとしたい．

政府は早急に15年先，40年先の低炭素社会像をできるだけわかりやすく国民に提示し理解を求め，国民との共有化を図るべきだ．

6.1.2 国民との共有化を図る

国民との共有化は容易なことではない．結論だけの連呼式表明での共有化はまずもって不可能に近い．共有化すべきことは結論ではなく問題意識と危機感にこそある．企業経営でもそうだが，問題意識と危機感の共有化さえできれば無用な協議・調整は減り経営トップへの一任事項は増えてくる．

政府にはまずはこのままいった先の致命的ともなる問題点を国民に対して丁寧に説明することを期待したい．そして，危機回避のための低炭素社会の構築及びグリーン成長戦略の実施・展開にあたって強いリーダーシップを発揮することを望む．

6.2 地球温暖化対策基本法の速やかな制定と促進政策の法制化

6.2.1 地球温暖化対策基本法の制定

かつての民主党政権下で"新成長戦略"や"日本再生戦略"が発表されたが,他の先進国と我が国との間でグリーン成長戦略が決定的に異なる点はすでに第3章で述べた.

中・長期の削減目標がなく促進政策の法制化も滞り,加えて我が国は京都議定書の第二約束期間の不参加を決めており,この状態では単なる自主的削減への取組みを進めるだけになりかねない.

そのような事態を避けるためにも,低炭素社会構築に必要な基本方針とその方針に沿った措置を講ずること(中期削減目標の設定や温室効果ガス排出を抑制し,国民と企業に行動変化をもたらす政策の法制化など)を定める地球温暖化対策基本法を速やかに法制化すべきである.

6.2.2 中・長期目標の設定

中期削減目標については,日本政府は,従来,前提条件を附記しながらも"温室効果ガスを2020年までに1990年比で25%削減する"としていた.しかし,2012年3月に起きた東京電力 福島第一原子力発電所の事故を理由に"目標の詳細情報は後日提出する"と国連気候変動枠組条約事務局に通報しており,それ以降我が国の中期削減目標は不明確なままである(2013年1月時点).

政府は先進国の一員としての責任ある中・長期の削減目標を設定

すべきである．世界トップレベルの低炭素社会構築を目指すことは，他の先進国や新興国の責任をもった取組みを促すことになる．また我が国で磨かれたインフラ構築技術を含めた低炭素化関連技術は，我が国の国際競争力を高めるとともに，国益の増大に資するものとなるはずだ．

6.2.3 促進政策の法制化と実施

（1） 排出量取引制度

排出量取引制度の目的は温室効果ガス排出を無視することができた従来の経済社会から，排出量を抑制する経済社会への転換を図るために必要な新しい市場経済システムの構築である．すなわち，排出すると費用負担が生じ排出を削減すれば負担が軽減されることをルールとした削減競争市場の創設だ．これによって形成される炭素価格をもとに，多くの民間投資を誘引することが可能となり過度な財政支出が不要となる．

また，企業においても合理的な投資意思決定のもとに戦略的，かつ，効率的な技術革新を促進することができる．これは便利さに対するコストパフォーマンスで競争する製品・サービスの市場と同じ概念だ．

我が国では，2008年10月，"国内統合市場における排出量取引制度"の試行実施が開始されたが，これは自主参加，自主目標であったがゆえにそもそも取引の必要性が少ない，投資魅力を感じない市場となってしまった．

技術革新やイノベーションの促進，民間投資の誘導を図るために

も排出量取引市場の開設は必須である．政府は個々の排出枠の設定，価格の乱高下抑制といったいくつかの課題解決を目的とした試行を重ね，低炭素化を競う公正で健全な排出量取引制度の導入と市場づくりを推進されたい．

(2) 炭素税

炭素税もまた排出量取引と同様，排出量に応じた費用負担が生じ費用負担軽減のための低炭素化競争を誘引する．よく消費税などの間接税と同類に扱われ導入への抵抗も多いが，消費税との違いは需要者が炭素税の低い製品・サービスを選択することによって税負担軽減を図ることができる点にある．そのためにも炭素税は製品・サービスの需要者が税額を意識できる課税方法とすることが望ましい．これが低炭素化に努力した供給者のインセンティブとなり，技術革新を促すことにもなる．

政府は，需要者の選択を促すに足るメリハリの効いた炭素税率の設定，排出量取引と炭素税の二重課税の回避などを検討したうえで導入を図るべきである．

6.3　グリーン成長戦略の策定と早期実施

6.3.1　グリーン成長戦略の策定

低炭素社会構築を我が国の経済成長に結びつけるグリーン成長戦略もまた重要である．前述のように2012年12月の政権交代によって新政権のもとで従来の成長戦略が簡単にリセットされてしまっ

た．

　政府は，早急にバックキャストによる低炭素化への道筋の明確化，政策・施策の低炭素化，経済成長効果の明確化，エネルギー基本計画の策定などの検討を行い，実効性のあるグリーン成長戦略を策定すべきである．

6.3.2 グリーン成長戦略の早期実施

　これ以上の成長戦略の実行の遅れは，これまでの我が国の技術優位性を生かすチャンスすら失うことになろう．

　第4章で述べたように，低炭素化における関連技術や産業競争力は米国やドイツのみならず，新興国の急速な追い上げにより，今や我が国に絶対的な優位性があるわけではない．国民と共有された目標やビジョン，グリーン成長戦略も定かでなく，戦略的，かつ，革新的な活動が進まなければ我が国の低炭素化関連技術は瞬く間に国際競争力を失う恐れがある．

　成長著しいアジア諸国に我が国の低炭素化関連技術，製品・サービス，社会インフラを普及させる機会を逸することになれば国益の毀損のみならず，我が国のさらなる技術革新に期待されていた地球規模での温暖化防止活動の減速につながり"地球益"も守ることができなくなる．

　政府は，官民一体となった戦略の早期確定とその実施に向けてイニシアチブを発揮すべきである．

6.4 国際枠組づくりに向けたリーダーシップの発揮

　第2章でも述べたが，国際社会の地球温暖化防止に向けた枠組づくりは各国の思惑も絡み，なかなか前に進んでいない．2013年以降の国際枠組では，2大排出国である米国，中国は引き続き法的義務を負わない自主的な取組みを続けることとなった．また，我が国も京都議定書の第二約束期間に参加せず，自主的な目標を掲げて取り組むこととなった．

　今後，国際社会はすべての主要排出国が参加する新たな枠組の2020年の発効と実施を目指すことになるが，国際交渉は再び暗礁に乗り上げる可能性もある．仮に我が国が地球温暖化防止に消極的であるとの印象を国際社会に与えた場合，国際交渉の場での発言力，影響力が大きく低下することは間違いない．

　資源小国・市場小国である我が国の成長と発展は，世界の平和と世界経済の健全な成長と発展があってこそ実現する．大きな課題となっている地球温暖化防止に積極的に取り組んでいくことは，地球益を守るためにも，また国益の増大を図るためにも重要な戦略的テーマであることに疑う余地はない．

　政府には，国内での低炭素社会構築に向けたグリーン成長戦略の実行やグリーン経済への移行を推進し，また我が国の強みである低炭素化関連技術の移転によって，アジアをはじめとする新興国・途上国の温室効果ガス削減に貢献する道を開き，国際社会からの期待と信頼を獲得すべく，強力なリーダーシップを発揮されたい．

　こうした努力と成果のもとに，各国・各地域の利害衝突で先の見

えない次期国際枠組の採択に向けても，国際社会からの期待と信頼を背に議論をリードし成果をあげていくことを期待したい．

6.5 超党派での取組み

　政府の役割としてこれまで述べた低炭素社会構築やグリーン成長戦略，促進政策，そして資源・エネルギー政策の策定は全国民の生命と財産にかかわる中・長期的な重要課題であるはずだ．したがって，いかなる政権交代があろうとも中・長期にわたってその政策展開の継続性が担保されなくてはならない．これこそ超党派での取組みが求められる最重要課題であり，政治による責任ある取組みを強く求めたい．

　一方で，我々企業人もまた，そうした政府による環境整備を支援し，グローバル大競争に打ち勝つに足る競争力強化を図り，低炭素社会構築の牽引役を果たしていかなければならない．我々にもまた，一企業を超えたよりオープンな取組みが求めれていることを忘れてはならない．

おわりに

　国連気候変動枠組条約締約国会議は，2008 年の COP15 で 2013 年以降の枠組採択を目指したが，いまだに今後の見通しは不透明なままだ．理由は，各国・各地域の経済成長力とその原動力となる産業競争力の維持・強化を図ろうとする"国益確保"が前面に出た利害衝突を乗り越えられなかったからだ．当然といえばそれまでだが，各国政府が産業界・企業の意向に大きく影響されていることもまた確かだ．

　本書では，産業界・企業自身が地球資源（安定した気候を含む）の制約の中で経済・社会の営みを行う低炭素社会構築を目指して，責任をもった積極的な保全活動を展開すべきことを提案した．

　なぜならば，産業部門は広義に考えれば我が国の温室効果ガス総排出量のおよそ 80％ に直接的，間接的にかかわっており，その活動は低炭素社会構築の鍵を握っているからだ．

　また，次期枠組の進展状況がどうあれ，グローバル市場では低炭素化商品・サービス・システムの大競争が始まっている．産業界・企業にとって，地球温暖化防止ほど明確な中・長期的な国際社会のニーズとなるものはない．資源小国の我が国とって，当分野は歴史的にも得意とする分野であり，低炭素社会構築を目指した省エネ・省資源関連技術開発やプロセス開発へのさらなる挑戦は，企業競争力強化や新ビジネス創造のチャンスとなるからだ．

　しかし，低炭素社会構築への取組みは地球資源（安定した気候を

含む）の厳しい制約を克服しうる新しい経済・社会への大転換であり，企業にとっても経営そのものの大転換を意味し，それは決して容易なことではない．かといって，それらは避けることのできない大転換であることを覚悟しておきたい．

　企業が，地球温暖化への取組みを企業競争力や新事業創造のチャンスとして生かすためには，低炭素化活動が社会，そして市場から公正・適正に評価される経済・社会への転換が不可決だ．当然のことながら，低炭素社会構築もさることながら，企業競争力強化や新ビジネスの創造も産業界・企業だけの努力では不可能だ．社会全体の温室効果ガス排出量削減に対するニーズの高まりが不可欠である．

　政府には，低炭素社会構築を国家戦略ビジョンとして表明し，グリーン経済システム整備とグリーン成長戦略を展開し，社会による低炭素化（温室効果ガス削減）ニーズを顕在化し，産業界・企業そして国民の積極的活動を促すに足る環境整備をお願いしたい．

　そして，産業界・企業もまた，低炭素社会構築の牽引者として政府に対して積極的に必要な環境整備を促し，支援していかなければならないと考える．

　2015年に開催されるCOP21での2020年以降の枠組採択を間近に控え，今こそ，産業界・企業は"声なき声"を"大きな声"に変え，政府・産業界が一体となって世界トップレベルの低炭素社会構築に向けた活動のスピードアップを図るときがきたと思う．国民のため，企業のため，そして世界人類のため，地球のために経営者の勇気ある決断と行動を大いに期待したい．

桜井　正光

引用・参考文献

1) 気候変動 2007：統合報告書 政策決定者向け要約
   http://www.ipcc.ch/pdf/reports-nonUN-translations/japanese/ar4_syr_spm_jp.pdf（文部科学省，気象庁，環境省，経済産業省 訳）
2) 気候変動に関する政府間パネル第 4 次評価報告書に対する第 3 作業部会の報告（経済産業省 訳）
   http://www.meti.go.jp/policy/global_environment/Ipcc.html
3) 気候変動監視レポート 2011（気象庁）
   http://www.data.kishou.go.jp/climate/cpdinfo/monitor/2011/pdf/ccmr2011_all.pdf
4) 宇宙航空研究開発機構（JAXA）北極圏研究ウェブサイト
   http://www.ijis.iarc.uaf.edu/jp/seaice/extent.htm
5) 西岡秀三(2011)：低炭素社会のデザイン――ゼロ排出は可能か，岩波書店
6) 諸富徹，浅岡美恵(2010)：低炭素経済への道，岩波書店
7) 一方井誠治(2008)：低炭素化時代の日本の選択―環境経済政策と企業経営，岩波書店
8) 鎌田浩毅(2012)：地球科学入門Ⅱ 資源がわかればエネルギー問題が見える 環境と国益をどう両立させるか，PHP 研究所
9) 西岡秀三(2008)：日本低炭素社会のシナリオ―二酸化炭素 70％ 削減の道筋，日刊工業新聞社
10) ポール・ホーケン，エイモリ・B・ロビンス，L・ハンター・ロビンス共著，佐和隆光監訳，小幡すぎ子訳(2001)：自然資本の経済―「成長の限界」を突破する新産業革命，日本経済新聞社

索　引

A

AR 4　　16
AR 5　　17
AWG　　48
AWG-KP　　113

B

BPR　　90, 165

C

cap and trade　　74
CCA　　75
CCL　　75
CCS　　34, 79, 95
CDM　　34, 46
CEMS　　127
CER　　180
CLN　　149
CO_2排出量　　124
COP15　　32
CSIRO　　41

E

EU-ETS　　73
EuP　　73

F

FAR　　16

G

GDP　　23
GGGI　　75
GHG　　28

H

HCVF　　172

I

ICT　　90
IPCC　　15
——の組織　　16
IPP　　73

J

JAMSTEC　　39
Japan-CLP　　148
JAXA　　39
JI　　46

K

Kyoto Protocol　　45

M

MOP　　48
MOP3　　65
MRV　　48

N

NIES 90

O

OECD 43

P

PRTR 170
PxPトナー 181

Q

QSU 180

R

RGGI 72

S

SAICM 169
SAR 16
SRESシナリオ 19
SYR 17

T

TAR 16
TEC値 166
Three P's Balance ™ 154

U

UNEP 15
UNFCCC 32

W

WMO 15

あ

後工程型 177
安定化シナリオ 26, 27

い

五つの視点 178
イノベーション 68, 71, 105
　——の誘引 129
インセンティブ 28

え

エコロジカルサービス 171
エネルギー強度 135
エネルギー原単位 23
エネルギー消費型製品 73

か

カーボンバジェット 74
柏の葉キャンパスシティプロジェクト 126
ガスエンジン・コジェネレーションシステム 164
カップリング 55
　——状態 65
茅恒等式 135
カラーPxP-EQトナー 181
環境NGO 149
環境汚染物質排出・移動登録制度 170
環境経営 72, 140, 141, 160
間接排出量 122

き

気候変動監視レポート 2011　　35, 38
気候変動協定　　75
気候変動税　　75
気候変動に対する経済学　　32
北九州スマートコミュニティ創造事業　　126
キャップ・アンド・トレード　　74, 119
共同実施　　46
京都議定書　　45
京都メカニズム　　46

く

クリーン開発メカニズム　　46
グリーン経済政策　　71
グリーンニューディール政策　　72

け

原単位排出量　　103

こ

恒等式　　133
5S　　188
コーポレート環境会計　　184
国際的な公平性の尺度　　114
国連気候変動枠組条約の五つの原則（要旨）　　44
コペンハーゲン合意（要旨）　　49
ごみゼロ　　187
　——活動　　188
　——の定義　　188
コメットサークル　　158
　——コンセプト　　157, 183
コンパクトシティ　　67

さ

三愛精神　　153
3P バランス　　155

し

資源循環型経営　　157, 159
実質的効果　　184
社会的効果　　184
処遇重視型　　177

す

推定実質的効果　　184
スターン・レビュー　　32

せ

生態系サービス　　171
生態系の公益的機能　　171
戦略的目標管理制度　　177

そ

創業の精神　　153
総合製品政策　　73
総合報告書　　17

た

第 1 作業部会　　17
第 2 作業部会　　17, 20
第 3 作業部会　　17, 21
第 4 次報告書の構成　　17

大義重視型　177
ダイナミックプライシング　127
炭素価格　83
炭素クレジット　120
炭素削減計画　74
炭素リーケージ　85

ち

地域温室効果ガスイニシアチブ　72
地球環境保全の対象　163
直接排出方式　96

て

低炭素経済システム　56, 146
低炭素社会　6
デカップリング　116
　——状態　65
電力原単位　64

と

統合環境影響　172
トップダウン　23

に

二酸化炭素回収・貯留　34, 79
認証排出権削減量　180

ね

熱電併給システム　165

の

ノンリグレット・ポリシー　157

は

バード・ヘーゲル決議　53
排出シナリオに関する特別報告書　19
排出量取引　46
　——制度　82
バックキャスト　70

ひ

ピークアウト　6, 26
非附属書Ⅰ国　43, 50
標準消費電力量　166

ふ

フォアキャスト　70
附属書Ⅰ国　43, 50

ほ

保護価値の高い森林　172
ポスト京都議定書への工程表　51
ボトムアップ　23

ま

前工程型　177
マスキー法　131

も

モーダルシフト　68, 93, 144, 166
目標管理制度　177
最も排出量が多いシナリオ　19
最も排出量が少ないシナリオ　19

よ

四つの視点　178

わ

ワックスマン・マーキー法　72

JSQC選書 21

低炭素社会構築における産業界・企業の役割
定価：本体 1,800 円（税別）

2013 年 9 月 5 日　　第 1 版第 1 刷発行

監 修 者　一般社団法人　日本品質管理学会
著　 者　桜井　正光
発 行 者　揖斐　敏夫
発 行 所　一般財団法人　日本規格協会
　　　　　〒 107-8440　東京都港区赤坂 4 丁目 1-24
　　　　　　　　　　　http://www.jsa.or.jp/
　　　　　　　　　　　振替　00160-2-195146
印 刷 所　日本ハイコム株式会社
製 　 作　有限会社カイ編集舎

© Masamitsu Sakurai, 2013　　　　　　　Printed in Japan
ISBN978-4-542-50477-6

- 当会発行図書，海外規格のお求めは，下記をご利用ください．
  営業サービスユニット：(03)3583-8002
  書店販売：(03)3583-8041　注文 FAX：(03)3583-0462
  JSA Web Store：http://www.webstore.jsa.or.jp/
- 落丁，乱丁の場合は，お取替えいたします．
- 内容に関するご質問は，本書に記載されている事項に限らせていただきます．書名及びその刷数と，ご質問の内容（ページ数含む）に加え，氏名，ご連絡先を明記のうえ，メール（メールアドレスはカバーに記しています）又は FAX（03-3582-3372）にてお願いいたします．電話によるご質問はお受けしておりませんのでご了承ください．

JSQC選書

JSQC（日本品質管理学会） 監修
定価：1,575円（本体1,500円）～1,890円（本体1,800円）

1	Q-Japan—よみがえれ，品質立国日本	飯塚 悦功 著
2	日常管理の基本と実践—日常やるべきことをきっちり実施する	久保田洋志 著
3	質を第一とする人材育成—人の質，どう保証する	岩崎日出男 編著
4	トラブル未然防止のための知識の構造化 —SSMによる設計・計画の質を高める知識マネジメント	田村 泰彦 著
5	我が国文化と品質—精緻さにこだわる不確実性回避文化の功罪	圓川 隆夫 著
6	アフェクティブ・クオリティ—感情経験を提供する商品・サービス	梅室 博行 著
7	日本の品質を論ずるための品質管理用語85	(社)日本品質管理学会 標準委員会 編
8	リスクマネジメント—目標達成を支援するマネジメント技術	野口 和彦 著
9	ブランドマネジメント—究極的なありたい姿が組織能力を更に高める	加藤雄一郎 著
10	シミュレーションとSQC—場当たり的シミュレーションからの脱却	吉野 睦 仁科 健 共著
11	人に起因するトラブル・事故の未然防止とRCA —未然防止の視点からマネジメントを見直す	中條 武志 著
12	医療安全へのヒューマンファクターズアプローチ —人間中心の医療システムの構築に向けて	河野龍太郎 著
13	QFD—企画段階から質保証を実現する具体的方法	大藤 正 著
14	FMEA辞書—気づき能力の強化による設計不具合未然防止	本田 陽広 著
15	サービス品質の構造を探る—プロ野球の事例から学ぶ	鈴木 秀男 著
16	日本の品質を論ずるための品質管理用語 Part 2	(社)日本品質管理学会 標準委員会 編
17	問題解決法—問題の発見と解決を通じた組織能力構築	猪原 正守 著
18	工程能力指数—実践方法とその理論	永田 靖 棟近 雅彦 共著
19	信頼性・安全性の確保と未然防止	鈴木 和幸 著
20	情報品質—データの有効活用が企業価値を高める	関口 恭毅 著
21	低炭素社会構築における産業界・企業の役割	桜井 正光 著

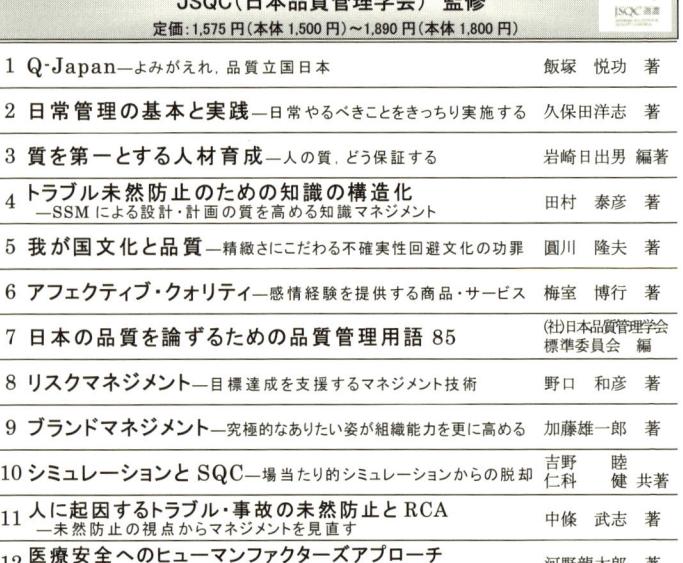

JSA 日本規格協会　http://www.webstore.jsa.or.jp/